安全生产知识百点通丛书

安全隐患排查治理知识百点通

主　编　张笑璇　董国宇
副主编　姚泽旭　尹雪晨

中国劳动社会保障出版社

图书在版编目（CIP）数据

安全隐患排查治理知识百点通 / 张笑璇，董国宇主编 . -- 北京：中国劳动社会保障出版社，2024.（安全生产知识百点通丛书）. -- ISBN 978-7-5167-6412-1

I. X93

中国国家版本馆 CIP 数据核字第 2024X33M25 号

中国劳动社会保障出版社出版发行

（北京市惠新东街 1 号　邮政编码：100029）

*

北京市鑫霸印务有限公司印刷装订　　新华书店经销
880 毫米 ×1230 毫米　32 开本　4.875 印张　112 千字
2024 年 6 月第 1 版　　2024 年 6 月第 1 次印刷
定价：18.00 元

营销中心电话：400-606-6496
出版社网址：http://www.class.com.cn

版权专有　　侵权必究

如有印装差错，请与本社联系调换：（010）81211666
我社将与版权执法机关配合，大力打击盗印、销售和使用盗版图书活动，敬请广大读者协助举报，经查实将给予举报者奖励。
举报电话：（010）64954652

"安全生产知识百点通丛书"
编委会

主　任：佟瑞鹏

委　员：张　燕　周晓凤　孙　浩　张渤苓　王露露　王乐瑶
　　　　张东许　赵　旭　孙宁昊　和杰花　李佳航　胡向阳
　　　　王　乾　梁梵洁　李　鑫　赵云昊　李宝昌　王宇昊
　　　　董秉聿　李　铭　王冬冬　袁嘉淙　王　彪　王登辉
　　　　姚泽旭　尹雪晨　郭　钰　孙鹏依　韩吉祥　张晓磊
　　　　孟子尧　刘贤鹏　柴文浩　李慕晨　未宗帅　毛　颖
　　　　王益艳　赵晶荣　董国宇　杨昂滨　武　琪　李佳琦
　　　　张笑璇　连芳菲　王智浩　李　晨　毛康铭

内容简介

《中华人民共和国安全生产法》将建立完善双重预防机制定为生产经营单位的法定义务，隐患排查治理机制是双重预防机制的主要内容之一，与安全风险分级管控机制相互补充完善，有利于有效、及时地解决生产安全事故隐患，保护从业人员的生命财产安全，以及生产经营单位的可持续发展。高效的隐患排查治理机制将为生产经营单位的长治久安提供重要保障。

本书是"安全生产知识百点通丛书"之一，以问答的形式全面地介绍了生产安全事故隐患排查治理的相关知识，主要内容包括：隐患排查治理概述、安全生产监督与监察、安全生产检查、危险源辨识与治理、事故应急救援预案、隐患排查治理规章制度、隐患排查治理责任、事故报告和调查处理等。

本书内容丰富、通俗易懂，注重科普，配以原创漫画插图，图文并茂。本书适用于各类生产经营单位的从业人员、安全管理人员、安全负责人等，也可作为提高广大基层一线从业人员对于隐患排查治理的了解和增加其相关知识储备的科普读物。

目 录

一、隐患排查治理概述 ·································· 1

1. 什么是安全? ······································· 1
2. 什么是本质安全? ··································· 1
3. 什么是安全生产? ··································· 3
4. 生产安全事故如何分类? ····························· 3
5. 什么是生产安全事故隐患? ··························· 5
6. 事故隐患如何进行分级? ····························· 5
7. 什么是隐患排查治理? ······························· 6
8. 隐患排查治理的步骤有哪些? ························· 8
9. 什么是危险? ······································ 10
10. 什么是危险源? ··································· 11
11. 什么是重大危险源? ······························· 13
12. 什么是安全生产管理? ····························· 14
13. 现代安全生产管理理论有哪些? ····················· 15
14. 我国安全生产方针是什么? ························· 17
15. 安全生产法律法规分哪几大类? ····················· 19
16. 我国安全生产法律体系是什么样的? ················· 20
17. 《安全生产法》基本内容有哪些? ··················· 23

二、安全生产监督与监察 ……………………………… 25

18. 我国现行的安全生产监督管理体制是什么？ ……… 25
19. 安全生产监督可以通过哪些方式进行？ ………… 25
20. 法律法规确定有哪些安全生产监督管理内容？ …… 27
21. 安全生产监督管理的基本特征有哪些？ ………… 28
22. 安全生产监督管理的基本原则是什么？ ………… 28
23. 负有安全生产监督管理职责的部门应该如何处理发现的事故隐患？ ……………………………………… 29
24. 生产经营单位应该如何处理发现的事故隐患？ …… 30
25. 什么是安全生产监察机制？ ……………………… 32
26. 安全生产监督管理的方式有哪些？ ……………… 32
27. 如何进行隐患举报？ ……………………………… 34
28. 安全生产监督检查人员的主要职责是什么？ …… 35
29. 特种设备安全监察的体制是什么？ ……………… 37

三、安全生产检查 ……………………………………… 39

30. 什么是安全生产检查？ …………………………… 39
31. 安全生产检查有哪几种常见类型？ ……………… 39
32. 安全生产检查的内容有哪些？ …………………… 40
33. 安全生产检查有什么重要意义？ ………………… 41
34. 安全生产检查工作的组织与形式是什么？ ……… 43
35. 安全生产检查有哪些要求和法律责任？ ………… 44
36. 车间、班组安全生产管理人员安全生产检查具体包括哪些内容？ ……………………………………… 45
37. 有哪些常用的安全生产检查方法？ ……………… 51
38. 什么是安全生产检查表？ ………………………… 52

39. 使用安全生产检查表法进行安全生产检查有哪些
    优点？ ………………………………………………… 53
40. 编制安全生产检查表有哪些注意事项？ ………… 54
41. 有哪几种常用的安全生产检查表？ ……………… 56
42. 安全生产检查工作包括哪几个步骤？ …………… 57
43. 安全生产检查的准备工作有哪些？ ……………… 58
44. 如何实施安全生产检查？ ………………………… 59

四、危险源辨识与治理 ……………………………… 61

45. 什么是危险和有害因素？ ………………………… 61
46. 危险和有害因素是如何产生的？ ………………… 61
47. 危险和有害因素按导致事故的直接原因是如何
    分类的？ …………………………………………… 62
48. 危险和有害因素参照事故类别是如何分类的？ …… 66
49. 危险和有害因素参照职业病危害因素是如何分类的？ … 70
50. 危险和有害因素的辨识方法有哪些？ …………… 71
51. 如何全面地进行危险和有害因素辨识？ ………… 72
52. 事故预防的基本要求有哪些？ …………………… 74
53. 选择事故预防对策的基本原则有哪些？ ………… 74
54. 控制和治理危险和有害因素的措施有哪些？ …… 76
55. 重大危险源控制系统的组成内容是什么？ ……… 76
56. 我国关于重大危险源管理的法律法规有哪些要求？ … 80
57. 什么是事故预警机制？ …………………………… 81
58. 构建事故预警机制需要遵循的原则是什么？ …… 82
59. 如何确定事故预警指标？ ………………………… 83

五、事故应急救援预案 …… 84

- 60. 什么是事故应急救援预案？…… 84
- 61. 事故应急救援的基本任务是什么？…… 85
- 62. 关于应急救援的法律法规有哪些？…… 86
- 63. 事故应急救援体系的基本构成有哪几个方面？…… 87
- 64. 应急预案中应该确定的指挥机构的职责有哪些？…… 88
- 65. 应急预案一般包括哪几级文件？…… 90
- 66. 应急预案的编制程序是什么？…… 91
- 67. 应急响应的功能和任务有哪些？…… 93
- 68. 应急预案有哪几种演练形式？…… 95
- 69. 应急演练的主要目标是什么？…… 96
- 70. 对应急演练的结果如何处理？…… 99

六、隐患排查治理规章制度 …… 101

- 71. 隐患排查治理的对象和范围是什么？…… 101
- 72. 隐患排查治理有什么重要意义？…… 101
- 73. 建立隐患排查治理的长效运行机制应从哪些方面入手？…… 102
- 74. 生产经营单位的事故隐患包括哪些？…… 105
- 75. 生产经营单位应该如何编制隐患排查清单？…… 105
- 76. 生产经营单位应如何确定隐患排查项目并完成整改？…… 106
- 77. 什么是隐患排查治理的"四个结合"？…… 107
- 78. 隐患排查治理的要求有哪些？…… 109
- 79. 生产经营单位制定的隐患排查治理制度应包括哪些内容？…… 112

80. 隐患排查过程中发现重大事故隐患应如何报备? … 113
81. 重大事故隐患治理方案应当包括哪些内容? ……… 114
82. 什么是隐患闭环管理? …………………………… 115

七、隐患排查治理责任 …………………………… 117

83. 什么是全员安全生产责任制? …………………… 117
84. 全员安全生产责任制主要内容有哪些? ………… 119
85. 生产经营单位的主要负责人负有哪些安全生产责任? ……………………………………… 121
86. 生产经营单位如何对隐患进行排查和治理? …… 121
87. 生产经营单位隐患排查治理的主要责任有哪些? … 123
88. 重大事故隐患报告内容有哪些? ………………… 124
89. 完善隐患排查治理闭环工作机制要重点做好哪些工作? ……………………………………… 125
90. 生产经营单位负责人隐患排查治理责任有哪些? … 126
91. 如何落实隐患排查结果? ………………………… 126
92. 对违反隐患排查治理相关法律法规规定的有哪些处罚措施? ………………………………… 128

八、事故报告和调查处理 ………………………… 130

93. 生产安全事故调查处理的原则是什么? ………… 130
94. 生产安全事故报告的基本程序是什么? ………… 130
95. 生产安全事故报告的时限是如何规定的? ……… 132
96. 生产安全事故报告应该包括哪些内容? ………… 133
97. 事故调查的基本原则是什么? …………………… 136

98. 在事故调查中如何划分职责？ …………………… 137
99. 事故调查组的职责有哪些？ …………………… 139
100. 事故调查报告中应重点关注的要素有哪些？ ……… 142
101. 有关事故责任追究在法律上是如何规定的？ ……… 144

一、隐患排查治理概述

1. 什么是安全？

安全是指在各种环境和情境中，通过预防和控制风险，确保人员、财产和环境免遭伤害或损害的状态。安全不仅是一种物理状态，也包括人的心理和情感层面的感受，是一种综合性的保障，旨在创造一个没有危险、不出事故的环境，涉及识别潜在的危险源，评估其可能导致的伤害程度和发生的可能性，并采取相应的措施来减轻或消除其带来的风险。

安全还意味着持续的努力，它不是一成不变的，而是一个需要不断监测、评估和适应新情况的动态过程，既包括定期对安全措施进行审查和更新，以应对新的风险和挑战，还涉及教育和培训，以确保每个人都意识到潜在的风险并具备相应的知识和技能来应对这些风险。在更广泛的社会和文化层面，安全还涵盖了建立和维护信任、尊重和责任感的重要性，这些都是创造安全环境的关键要素。安全是一个全面的概念，既包括实际的防护措施，也包括文化和行为等方面的内容，其最终目标是保护个人、设备和环境免受伤害。

2. 什么是本质安全？

安全指的是一种状态或条件，需要将风险、危险和可能导致伤害的因素控制在可接受的水平，通常通过一系列措施来实现，包括风险识别、评估、管理和控制。本质安全是安全的一个子集，专注于通过设计和工艺选择，从根本上减少或消除风险，而不仅仅是控制风险，通常应用于化工、建筑和制造业等工业和工程领域。在此基础上，本质安全可以看作是实现整体

安全目标的一种方法，是一个更为专注和主动的策略，通过设计等手段，使生产设备或生产系统本身具有安全性，即使在误操作或发生故障的情况下也不会造成事故。本质安全具体包括以下两种安全功能。

（1）失误–安全功能

操作人员即使操作失误，也不会导致事故或伤害发生，或者设备设施和技术工艺本身具有自动防止人的不安全行为的功能。

（2）故障–安全功能

设备设施和技术工艺发生故障或损坏时，能暂时维持正常工作或自动转变为安全状态。

上述两种安全功能应是设备设施和技术工艺本身固有的，即在设备设施和技术工艺的规划、设计阶段就将这两种安全功能纳入其中，而不是事后补充的。本质安全是安全生产中"预防为主"思想的根本体现，也是安全生产的最高境界。

3. 什么是安全生产？

安全生产是通过采取一系列措施，使生产过程在符合规定的物质条件和工作秩序下进行，有效消除或控制危险和有害因素，防止出现生产安全事故，造成人身伤亡和财产损失的状态。这个概念的核心是在生产活动中实现安全与生产的统一，通过人、机、物料、环境、方法的和谐运作，创造出生产过程中潜在事故风险和有害因素始终处于有效控制状态的环境。在一般意义上，安全生产旨在保障从业人员的生命安全和身体健康，减少生产安全事故对人员、设备、环境的损害，确保生产经营活动的正常顺利进行。

安全生产不仅仅是一种执行规定和法规的行为，更是一种系统性的管理理念，关乎整个生产体系的平衡和协调。在安全生产理念中，将安全与生产统一起来，树立"安全促进生产，生产必须安全"的宗旨。通过改善劳动条件和工作环境，减少生产过程中的人为疏忽。此外，良好的安全环境还可以激发从业人员的生产积极性，提高生产效率。在现代社会，安全生产已经不再是一种简单的规定和法规的遵循，更是一种管理哲学和生产理念的体现。通过统一安全与生产的宗旨，调动从业人员的积极性，减少损失，促进可持续发展。安全生产的目标不仅是规避风险，更是在控制风险的前提下实现更高效、更稳定的生产。

4. 生产安全事故如何分类？

生产安全事故是指在生产、运营过程中发生的导致人员伤亡、财产损失或环境破坏的意外事件。

（1）根据国家标准《企业职工伤亡事故分类》（GB 6441—1986），综合考虑起因物、引起事故的诱导性原因、致害物、伤害方式等，企业伤亡事故共分为20类：物体打击、车辆伤害、机械伤害、起重伤害、触电、淹溺、灼烫、火灾、高处坠落、坍塌、冒顶片帮、透水、放炮、火药爆炸、瓦斯爆炸、锅炉爆炸、容器爆炸、其他爆炸、中毒和窒息、其他伤害。

（2）根据《生产安全事故统计调查制度》，按照事故发生的行业，可将事故分为15类：煤矿事故、金属非金属矿山事故、石油天然气开采事故、化工事故、烟花爆竹事故、工贸（冶金、有色、建材、机械、轻工、纺织、烟草、商贸）事故、建筑业（房屋和市政工程、公路和水运工程建筑、铁路工程建筑、水利工程建筑、电力工程施工）事故、道路运输事故、水上运输事故、铁路运输事故、航空运输事故、油气管道运输事故、农业机械事故、渔业船舶事故、其他事故。

（3）根据《生产安全事故报告和调查处理条例》，按照生产安全事故造成的人员伤亡或者直接经济损失，事故一般分为特别重大事故、重大事故、较大事故、一般事故4个等级，具体划分如下。

1）特别重大事故，是指造成30人以上死亡，或者100人以上重伤（包括急性工业中毒，下同），或者1亿元以上直接经济损失的事故。

2）重大事故，是指造成10人以上30人以下死亡，或者50人以上100人以下重伤，或者5 000万元以上1亿元以下直接经济损失的事故。

3）较大事故，是指造成3人以上10人以下死亡，或者10人以上50人以下重伤，或者1 000万元以上5 000万元以下直接经济损失的事故。

4）一般事故，是指造成3人以下死亡，或者10人以下重伤，或者1 000万元以下直接经济损失的事故。

上述内容所称的"以上"包括本数，所称的"以下"不包括本数。

5. 什么是生产安全事故隐患？

生产安全事故隐患（本书中简称事故隐患、安全隐患或隐患）是指在生产和工作过程中存在的、可能导致事故发生的各种潜在危险因素，包括在生产经营活动中存在的各种可能导致事故发生的物的危险状态、人的不安全行为和管理上的缺陷，这些隐患本身可能还未造成直接的伤害或损失，但如果不加以识别和处理，将有可能引发生产安全事故。事故隐患有如下特点。

（1）潜在性

隐患通常不是显而易见的独立实体，而是以缺乏适当的安全措施、设备维护不当、操作不规范或管理缺陷等形式存在的。

（2）多样性

隐患可以涉及多个方面，包括机械故障、电气问题、化学物质泄漏、工作环境差、人为操作错误等。

（3）累积性

单个隐患可能风险较低，但多个隐患的累积会显著增加事故发生的可能性。

（4）可预防性

通过定期的安全检查、风险评估和持续的监控，隐患是可以被识别和纠正的，从而预防事故发生。

因此，识别和处理事故隐患是防止事故发生的关键步骤，这就要求生产经营单位建立健全安全管理体系，持续进行风险识别和评估，并针对隐患采取相应的预防和改进措施。

6. 事故隐患如何进行分级？

（1）法律规章中的隐患分级

关于安全隐患的分级，2007年国家安全生产监督管理总局发布的《安全生产事故隐患排查治理暂行规定》中指出，事故隐患分为一般事故隐患和重大事故隐患。一般事故隐患，是指危害和整改难度较小，发现后能够立即整改排除的隐患。重大事故隐患，是指危害和整改难度较大，应当全部或者局部停产停业，并经过一定时间整改治理方能排除的隐患，或者因外部因素影响致使生产经营单位自身难以排除的隐患。

除上述分类以外，现行的法律或行政法规中未对安全生产事故隐患的分级作出进一步规定，但一些地方性法规中对隐患分级进行了更加详细的介绍。

（2）双重预防机制中的隐患分级

在实际情况中，生产经营单位的事故隐患分级与其构建的双重预防机制相关联。隐患与风险关系紧密，因此隐患的分级往往根据隐患出现的风险点来判定。在风险分级管控过程中，生产经营单位需要按照相关法规要求，根据适用于自身实际的定性或定量的安全分析评价方法将所识别的风险进行分级管控，分为重大风险（红色）、较大风险（橙色）、一般风险（黄色）和低风险（蓝色）。

> **相关链接**
>
> 值得注意的是，上述两种隐患分级的方法是从两个完全不同的角度进行的，尽管都采用了"重大""一般"等词汇，但不能将二者混淆。目前，生产经营单位对于隐患的分级通常都是根据其双重预防机制使用的安全分析方法或风险分级方法来制定的。

7. 什么是隐患排查治理？

隐患排查治理是指识别、评估和处理在各种环境（如工

一、隐患排查治理概述

作场所、公共空间、居住区等）中可能导致伤害、事故或损失的潜在风险和问题的过程。这一过程旨在通过主动识别和解决隐患来预防事故的发生，确保人员和财产的安全。隐患排查治理是一个持续的过程，需要组织和个人持续地进行关注并投入资源。它不仅涉及技术和操作方面的改进，也包括建立安全文化，鼓励从业人员积极参与和报告潜在的安全问题等方面的内容。

隐患排查治理工作应坚持"人民至上、生命至上"的原则，实行全面排查、科学治理、政府监督、社会参与的管理方式。此外，生产安全事故隐患排查治理制度是《中华人民共和国安全生产法》（以下简称《安全生产法》）已经确立的重要制度，在此基础上，《安全生产法》中又补充增加了重大事故隐患排查治理情况应当及时向有关部门报告的规定，目的是使生产经营单位在监管部门和本单位从业人员的双重监督下，确保生产安全事故隐患排查治理制度落实到位。生产经营单位承担事故隐患排查治理的主体责任，单位的主要负责人是事故隐患排查治理的第一责任人。生产经营单位还需建立健全并落实生产安全事故隐患排查治理制度，通过技术和管理措施，及时发现并消除事故隐患。

> **法律提示**
>
> 《安全生产事故隐患排查治理暂行规定》第八条规定，生产经营单位是事故隐患排查、治理和防控的责任主体。生产经营单位应当建立健全事故隐患排查治理和建档监控等制度，逐级建立并落实从主要负责人到每个从业人员的隐患排查治理和监控责任制。
>
> 《安全生产事故隐患排查治理暂行规定》第十条规

定,生产经营单位应当定期组织安全生产管理人员、工程技术人员和其他相关人员排查本单位的事故隐患。对排查出的事故隐患,应当按照事故隐患的等级进行登记,建立事故隐患信息档案,并按照职责分工实施监控治理。

8. 隐患排查治理的步骤有哪些?

隐患排查治理是一个系统的过程,旨在识别和减轻可能导致伤害或事故的潜在风险,通过有效的隐患排查治理,可以显著降低事故发生的风险,提高整体的安全水平。这一过程包含了以下关键步骤,以确保全面而有效地管理事故隐患。

(1)隐患识别

隐患识别是一个关键的安全管理步骤,通过多种方法发现可能导致伤害或事故的潜在问题。要定期对设备、工作环境和操作程序进行全面审视,以发现潜在的危害,还可以通过从业人员的反馈来获取相关信息,因为从业人员在日常操作中可能会发现一些管理层难以察觉的风险点。此外,对历史事故数据的分析也很重要,它可以揭示特定类型的隐患模式和常见的事故原因。通过这些方法的组合使用,可以更全面地识别出潜在的事故隐患,从而采取适当的预防措施来降低事故的风险。

(2)风险评估

风险评估涉及对已经识别的潜在事故隐患进行深入分析,以确定这些隐患可能导致的伤害或损失的严重程度和发生的可能性。这一过程通常开始于对各种风险因素的分类和优先级排序,评估人员要考虑各种因素,如隐患的性质、可能受影响的人员数量、以往类似情况的后果等。风险评估的结果将帮助确定需要采取的控制措施的紧迫性和范围。例如，发生概率大且后果严重的隐患将被优先处理。风险评估不仅有助于明确风险的具体特点，还能为制定有效的预防和缓解措施提供依据，从而有针对性地减少潜在风险带来的影响。

（3）制定治理措施

制定治理措施是隐患排查治理的核心环节，是指基于风险评估的结果，通过实施有效的策略来消除或减轻已被识别的事故隐患。这些措施通常涵盖多个方面，如技术上的改进可能包括更新或维护设备、引入更安全的工艺流程、安装额外的安全设备等方法来降低事故发生的风险；操作程序的调整则涉及修改作业指南或工作流程，以减少操作中的风险点；而培训和教育则是确保所有从业人员了解潜在的安全风险，并掌握必要的知识和技能来安全地完成工作任务。这些措施的实施需要综合考虑成本效益、可行性和从业人员的接受度，以确保它们既有效又切实可行。需注意的是，治理措施的制定也应该是一个动态的过程，需要根据新的信息和数据不断调整和完善。

（4）实施和监督

实施和监督涉及将既定的治理措施转化为实际行动，并确保这些措施在实际操作中得到恰当执行和持续完善。实施过程中，关键是确保所有从业人员都清楚自己的职责和要求，并且具备执行这些措施所需的资源和支持。还要定期检查和评估治理措施的执行情况，确保按计划进行，并且实际效果符合预期目标。通过这种持续的监督，可以确保治理措施不断适应变化的环境，从而有效地降低安全风险。

（5）复查和改进

复查和改进是隐患排查治理过程中的最后步骤，同时也是不断循环的步骤，关键在于持续评估和优化已实施的治理措施。这一步骤要求定期总结治理措施的效果，以确保达到预期的安全目标。在复查过程中，通过收集和分析数据，如事故记录、安全检查结果和从业人员的反馈，来评估现有措施的有效性和可能存在的不足，从而达到减少甚至消除事故隐患的目的。

9. 什么是危险？

危险是指系统中存在导致发生不期望后果的可能性超过了人们的承受程度，通常涉及潜在的伤害风险，这些风险可能对人员、财产、环境或组织造成负面影响。危险是人们对事物的具体认识，如危险环境、危险条件、危险状态、危险物质、危险场所、危险人员、危险因素等，可以是物理的、化学的、生物的或心理的，并且可以源于各种环境，包括但不限于工作场所、自然环境和公共空间。例如，工业环境中的机械设备可能因操作不当或维护不足而成为危险；危险化学品的不当处理可能导致有毒物质泄漏或发生爆炸；自然环境中的危险可能包括洪水、地震或特大暴雨；在心理层面上，长期的压力和疲劳也可以构成危险，可能导致精神健康问题而引发事故。

一般来说，危险的程度可以用风险度来表示，在安全生产管理中，风险度用生产系统中事故发生的可能性与严重性来表示。这个概念意味着危险并非孤立存在，而是需要通过事故发生的可能性和后果的严重性相结合来评估。通过评估这两个维度，能够更准确地确定哪些危险需要优先关注和控制，帮助安全生产管理人员制定更有效的安全策略和措施。对于发生概率大且后果严重的危险，需要采取更为严格和紧急的措施来降低其风险度，而对于那些发生概率低或后果较轻的危险，可以采取相对适度的措施来控制其风险度。

一、隐患排查治理概述　11

10. 什么是危险源？

危险源是指可能导致人员伤害、财产损失、工作环境破坏或这些情况组合的根源或因素。在各种工业、商业和日常生活场景中，危险源的存在潜在地增加了伤害事故发生的风险。危险源的认知和有效管理是安全管理的核心组成部分。

危险源由潜在危险性、存在条件和触发因素三个要素构成。危险源的潜在危险性是指，一旦危险源被触发，可能带来的危害程度或损失大小，或者说危险源可能释放的能量强度或危险物质量的多少。危险源的存在条件是指危险源所处的物理、化学状态和约束条件状态。例如，物质的压力、温度、化学稳定性，压力容器的坚固性，周围环境障碍物等。触发因素虽然不属于危险源的固有属性，但它是危险源转化为事故的外因，而且每一类危险源都有相应的敏感触发因素。如易燃易爆物质，热能是其敏感触发因素；又如压力容器，压力升高是其敏感触发因素。因此,危险源总是与相应的触发因素相关联的,在触发因素的作用下,危险源转化为危险状态,继而转化为事故。

> **相关链接**
>
> 系统安全研究认为,危险源的存在是事故发生的根本原因,防止事故就是消除、控制系统中的危险源。危险源为可能导致人员伤害或财产损失的潜在不安全因素。按此定义,生产、生活中的许多不安全因素都是危险源。根据危险源在事故发生、发展中的作用,可以把危险源划分为两大类,即第一类危险源和第二类危险源。
>
> (1)第一类危险源
>
> 根据能量意外释放理论,事故是能量或危险物质的意外释放,作用于人体的过量的能量或干扰人体与外界能量交换的危险物质是造成人员伤害的直接原因。因此,一般把系统中存在的、可能发生意外释放的能量或危险物质称作第一类危险源。
>
> (2)第二类危险源
>
> 在生产和生活中,为了利用能量,让能量按照人们的意图在系统中流动、转换和做功,必须采取措施约束、限制能量,即必须控制危险源。约束、限制能量的措施应该能够可靠地控制能量,防止能量意外释放。但实际上,绝对可靠的控制措施并不存在。在多种因素的复杂作用下,约束、限制能量的控制措施可能失效或被破坏而发生事故。因此,一般把导致约束、限制能量的控制措施失效或被破坏的各种不安全因素称为第二类危险源。

11. 什么是重大危险源？

广义上说，重大危险源是指可能导致重大事故发生的危险源。根据《安全生产法》的相关规定，重大危险源是指长期地或者临时地生产、搬运、使用或者储存危险物品，且危险物品的数量等于或者超过临界量的单元（包括场所和设施）。

依据我国安全生产领域的相关规定，结合行业的工艺特点，从可操作性出发，以重大危险源所处的场所或设备、设施对危险源进行分类，一般可将工业生产领域的重大危险源分为以下五类。

（1）易燃易爆和有毒有害物质。

（2）锅炉及压力容器。

（3）电气设备。

（4）高温作业区。

（5）辐射。

在日常工作中，常遇到的重大危险源及其可能导致的危险后果包括：危险化学品仓库、实验室等场所存储和使用的危险化学品可能具有剧毒性、易燃性、腐蚀性等特性，一旦泄漏或处理不当可能引发严重事故；电气设备和线路存在电击、火灾等风险，不正确的操作、维护或电气设备老化可能导致电气事故；在建筑工地、高架设备等处工作，存在发生坠落、物体打击等伤害事故的风险；操作大型机械设备、工业生产线时，不正确的操作、维护或设备故障可能导致伤害事故；在高温与高压作业中，高温熔炉、高压容器等设备，要求特殊的操作和防护措施，否则可能引发火灾、爆炸等事故；在物流、仓储领域，存在物料掉落、堆垛失稳等风险，可能导致人员伤害和物品损坏；在液化石油气、工业废气等的处理和储存中，不当操作可能造成有毒有害气体泄漏，进而导致中毒、爆炸等事故。

通过有效的方法辨识出重大危险源并加以管理，可以最大限度地减少事故的发生，保护从业人员和生产经营单位的利益。

> **法律提示**
>
> 《安全生产法》第四十条规定，生产经营单位对重大危险源应当登记建档，进行定期检测、评估、监控，并制定应急预案，告知从业人员和相关人员在紧急情况下应当采取的应急措施。
>
> 生产经营单位应当按照国家有关规定将本单位重大危险源及有关安全措施、应急措施报有关地方人民政府应急管理部门和有关部门备案。有关地方人民政府应急管理部门和有关部门应当通过相关信息系统实现信息共享。

12. 什么是安全生产管理？

安全生产管理是一种系统性的管理体系，旨在保障工作环境的安全，预防事故和职业伤害，确保人员、财产和环境免受威胁。这一管理体系涵盖了广泛的领域，包括制定安全政策、风险评估、教育和培训、采取安全措施、监测工作场所，以及建立沟通反馈机制。

安全生产管理的核心在于预见潜在危险，采取措施防范事故。这需要从管理人员到一线从业人员的全员参与，建立一个全面而有机的安全文化。首要任务是确立明确的安全政策。这些政策不仅仅是口头上的承诺，更是组织对安全的重要性的认可，应当将其融入整个业务运营中。

安全生产管理还包括对工作环境进行全面的风险评估。通过系统性的分析，识别潜在的危险源和风险因素，包括对设备的检查、对工作流程的审查、对从业人员行为的评估等。识别到的危险源需要得到及时的处理，以减轻其潜在危害。

教育和培训是安全生产管理的重要组成部分。从业人员需要了解潜在的危险，学习正确的工作方法，掌握紧急情况下的应对措施。定期的教育和培训有助于提高从业人员的安全意识，降低事故的发生概率。

采取安全措施是确保安全的关键步骤，包括引入先进的安全设备，改进工作环境设计，确保从业人员正确使用劳动防护用品，实施防火措施等。这些措施旨在最大限度地减少潜在危险的影响，提高工作环境的整体安全性。

监测工作场所是安全生产管理的另一个重要方面。通过定期的安全检查、设备维护和持续的监测，及时发现和解决潜在的安全问题，保持工作场所的安全。

在实践中，安全生产管理需要建立一个有效的沟通和反馈机制。从业人员应该知晓自己有权报告潜在的安全问题，管理层需要及时回应和解决这些问题。建立透明、开放的沟通渠道有助于建立一个共同关注安全的组织文化。

安全生产管理是一项全面的、系统性的工作。它不仅仅关注事故的事后处理，更强调事前的预防和管理。通过制定明确的安全政策、进行全面的风险评估、开展教育和培训、采取相应的安全措施，以及建立监测和沟通机制，使组织能够在不断变化的工作环境中保障从业人员的安全，保护财产和环境，实现可持续的经营。在这个过程中，安全生产管理需要成为组织文化的一部分，贯穿于日常工作的方方面面，确保每一名从业人员都成为安全的参与者。

13. 现代安全生产管理理论有哪些？

现代安全生产管理理论旨在建立更有效、可持续的安全管理体系。以下是一些现代安全生产管理理论的主要方向。

(1) 系统安全管理理论

系统安全管理理论强调整个组织系统的综合性和相互关联性。该理论认为,安全不仅仅是单一部门或个别活动的问题,而是整个组织运作的结果,包括对组织结构、文化、工作流程和环境等因素的综合性考虑。

(2) 风险管理理论

风险管理理论将安全管理与风险评估和控制相结合。该理论强调对可能危及组织目标的风险的识别、评估、控制和监测,通过系统性地处理风险,组织能够更好地应对潜在的威胁。

(3) 安全文化理论

安全文化理论强调组织内部文化对安全的影响。该理论认为,从业人员对安全的态度和价值观对于安全绩效具有决定性影响,建立积极的安全文化有助于培养从业人员的安全意识和行为。

(4) 人因工程理论

人因工程理论通过考虑人的因素,如人的认知、行为和能力，来设计和管理工作环境和设备。该理论旨在减少人为失误和提高工作效率，从而改善安全性。

（5）可持续性安全管理理论

可持续性安全管理理论强调将安全性与组织的可持续性和社会责任相结合。该理论考虑了组织对社会和环境的影响，追求在实现业务目标的同时最大限度地减少负面的社会影响和环境影响。

（6）创新安全管理理论

创新安全管理理论鼓励创新和技术的应用，以提高安全性。该理论包括使用新的技术、高效的数据分析方法和先进的监测系统来识别潜在的危险源，并采取相应的措施来防范事故。

（7）安全生产绩效管理理论

安全生产绩效管理理论强调建立一套有效的绩效评估和指标体系，以监测和评估安全绩效。该理论注重可量化的方法，帮助组织更好地了解安全绩效，并进行持续改进。

（8）社会化安全理论

社会化安全理论关注社会化因素对安全行为的影响。该理论认为，个体的安全行为受社会和文化因素的影响，因此需要在组织中建立正向的社会化安全氛围。

上述理论在不同程度上相互关联，共同构建了一个更加综合和先进的安全生产管理体系。现代安全生产管理理论的发展旨在更好地适应快速变化的工作环境，从而提高组织对潜在危险的识别和管理水平。

14. 我国安全生产方针是什么？

《安全生产法》明确规定，安全生产工作应当以人为本，坚持人民至上、生命至上，把保护人民生命安全摆在首位，树牢安全发展理念，坚持安全第一、预防为主、综合治理的方针，从源头上防范化解重大安全风险。

(1) 安全第一

在生产经营活动中，应当在处理保证安全与实现生产经营活动的其他各项目标的关系时，始终把安全，特别是从业人员、其他人员的人身安全放在首要位置，实行"安全优先"的原则。在确保安全的前提下，努力实现生产经营的其他目标。当安全工作与其他活动发生冲突和矛盾时，其他活动要服从安全工作，绝不能以牺牲人的生命、健康为代价换取发展和效益。安全第一，体现了以人为本的发展理念，是预防为主、综合治理的统领，没有安全第一，预防为主就失去了理念支撑，综合治理就失去了整治依据。

(2) 预防为主

预防为主是安全生产工作的重要任务和价值所在，是实现安全生产的根本途径。所谓预防为主，就是要把预防生产安全事故的发生放在安全生产工作的首位。安全生产管理的重点不是发生事故后去组织抢救，进行事故调查，找原因、追责任、堵漏洞，而要谋事在先、尊重科学、探索规律，采取有效的事前控制措施，千方百计预防事故的发生，做到防患于未然，将事故消灭在萌芽状态。只要思想重视，预防措施得当，绝大部分事故特别是重大事故是可以避免的，坚持预防为主，就要坚持教育培训为主，在提高生产经营单位主要负责人、安全管理人员和从业人员的安全素质上下功夫，最大限度地减少违章指挥、违规作业、违反劳动纪律的现象，努力做到"不伤害自己，不伤害他人，不被他人伤害，保护他人不被伤害"（即"四不伤害"）。只有把安全生产的重点放在建立事故预防体系上，超前防范，才能有效避免和减少事故，实现安全第一。

(3) 综合治理

将综合治理纳入安全生产方针，标志着对安全生产的认识上升到一个新的高度，是贯彻落实新发展理念的具体体现。所谓综合治理，就是要综合运用法律、经济、行政等手段，从发展规划、行业管理、安全投入、科技进步、经济政策、教育培训、安全文化以及责任追究等方面着手，建立安全生产长效机制。综合治理，秉承安全发展的理念，从遵循和适应安全生产的规律出发，运用法律、经济、行政等手段，多管齐下，并充分发挥社会、职工、舆论的监督作用，形成标本兼治、齐抓共管的格局。综合治理是一种新的安全管理模式，是保证安全第一、预防为主的安全管理目标实现的重要手段和方法，只有不断健全和完善综合治理的工作机制，才能有效贯彻安全生产方针。

15. 安全生产法律法规分哪几大类？

安全生产法律法规，从内容上划分主要有以下三类。

（1）安全生产管理法律法规

安全生产管理法律法规是指国家为管理安全生产，加强劳动保护，保障职工安全健康所制定的管理规范。这里主要是指规定领导和管理原则、管理制度的管理规范。从广义上讲，国家立法、监察、监督检查和教育也属管理范畴。

（2）安全技术法律法规

国家为了消除或控制生产过程中的危险因素，防止发生人身伤亡事故所制定的技术性与组织性规定，统称为安全技术法律法规。安全技术法律法规大多是单项规定。

（3）职业卫生法律法规

职业卫生法律法规是指国家为了改善劳动条件，保护职工在劳动过程中的健康，预防和消除职业病而制定的各种法律法规。既包括劳动卫生工程技术措施，也包括预防医学和保健等方面的规定。其主要内容涉及工矿企业设计、建设项目的职业卫生规定，防止粉尘危害，防止有毒物质的危害，防止物理性危害因素的危害，职业卫生，劳动防护用品和职业病防护设施等。

知识学习

安全生产法律法规还可以根据法律效力进行分类，按照法律效力的大小依次分为法律、行政法规、部门规章和技术标准。

安全生产法律如《安全生产法》《中华人民共和国劳动法》等。

行政法规是国务院根据宪法和法律，为领导和管理国家各项行政工作，按照法定程序制定出来的规范性文件。安全生产领域的行政法规如《国务院关于特大安全事故行政责任追究的规定》《危险化学品安全管理条例》等。

部门规章是国务院各部门在本部门职权范围内，为执行法律和国务院的行政法规、决定、命令的事项而制定的，并以部门首长签署命令的形式颁布的规范性文件。安全领域部门规章如《安全生产违法行为行政处罚办法》《安全生产监督罚款管理暂行办法》等。

技术标准是国务院各部门或各地方部门依据《中华人民共和国标准化法》和其他相关法律法规的有关法定程序单独或联合制定颁发的。安全生产技术标准是用以规范安全生产领域中人与自然、科学技术的关系的准则或标准。

16. 我国安全生产法律体系是什么样的？

2002年，为全面、完整地反映国家关于加强安全生产监督管理的基本方针、基本原则，确定对各行业、各部门和各类企业普遍适用的安全生产基本管理制度，并对安全生产管理中普遍存在的共性的、基本的法律问题作出统一规范，第九届全国人民代表大会常务委员会第二十八次会议于2002年6月29日通过了《安全生产法》，并于2002年11月1日起施行。其后，以《安全生产法》为核心，包括法律、行政法规、部门规章和地方性安全生产法规和规章的安全生产法律体系逐步建立并日趋完善。

目前，全国人民代表大会及其常务委员会、国务院和相关主管部门已经颁布实施了相当数量有关安全生产的法律法规，包括《安全生产法》《中华人民共和国劳动法》《中华人民共和国煤炭法》《中华人民共和国矿山安全法》《中华人民共和国职业病防治法》《中华人民共和国海上交通安全法》《中华人民共和国道路交通安全法》《中华人民共和国消防法》《中华人民共和国铁路法》《中华人民共和国民用航空法》《中华人民共和国电力法》《中华人民共和国建筑法》《中华人民共和国特种设备安全法》等十余部法律；国务院制定的《国务院关于特大安全事故行政责任追究的规定》《安全生产许可证条例》《煤矿安全生产条例》《生产安全事故报告和调查处理条例》《危险化学品安全管理条例》《道路交通安全法实施条例》《建设工程安全生产管理条例》等数十部行政法规；国务院各部门制定的《安全生产违法行为行政处罚办法》《安全生产监督罚款管理暂行办法》《安全生产领域违法违纪行为政纪处分暂行规定》《煤矿安全监察行政处罚办法》《危险化学品登记管理办法》等上百部部门规章。各地也陆续出台了不少地方性法规和地方政府规章，如各省（自治区、直辖市）的安全生产条例。

相关链接

2002年6月29日,第九届全国人民代表大会常务委员会第二十八次会议通过《安全生产法》,于2002年11月1日实施。

2009年8月27日,第十一届全国人民代表大会常务委员会第十次会议通过《全国人民代表大会常务委员会关于修改部分法律的决定》,对《安全生产法》进行了第一次修正,并于2009年8月27日实施。

2014年8月31日,第十二届全国人民代表大会常务委员会第十次会议通过《全国人民代表大会常务委员会关于修改〈中华人民共和国安全生产法〉的决定》,对《安全生产法》进行了第二次修正,并于2014年12月1日实施。

2021年6月10日,第十三届全国人民代表大会常务委员会第二十九次会议通过《全国人民代表大会常务委员会关于修改〈中华人民共和国安全生产法〉的决定》,对《安全生产法》进行了第三次修正,并于2021年9月1日起施行。

17.《安全生产法》基本内容有哪些?

在我国安全生产法律体系中,《安全生产法》是最核心的。《安全生产法》是我国安全生产领域的第一部基本法律,也是安全生产领域的综合性法律。《安全生产法》是各类生产经营单位及其从业人员实现安全生产所必须遵循的行为准则,是各级人民政府和各有关部门进行监督管理和行政执法的法律依据,是制裁各种安全生产违法犯罪行为或维护个人与集体安全生产权利义务的法律武器。

《安全生产法》的立法目的是加强安全生产工作,防止和减少生产安全事故,保障人民群众生命和财产安全,促进经济社会持续健康发展。现行的《安全生产法》包括7章,分别为总则、生产经营单位的安全生产保障、从业人员的安全生产权利义务、安全生产的监督管理、生产安全事故的应急救援与调查处理、法律责任、附则,共119条。其核心内容简略归纳如下。

(1)两大目标

《安全生产法》的第一条,开宗明义地确立了通过加强安全生产工作,防止和减少生产安全事故,需要实现如下基本的两大目标：保障人民群众生命和财产安全，促进经济社会持续健康发展。由此确立了安全生产所具有的保护生命与财产安全的意义和促进经济发展的功能。

（2）五方运行机制（"五方结构"）

《安全生产法》规定了保障安全生产的国家总体运行机制，包括如下五个方面：政府监管与指导（通过立法、执法、监管等手段）；生产经营单位实施与保障（落实预防、应急救援和事后处理等措施）；从业人员权利与义务（8项权利和3项义务）；社会监督与参与（公民、工会、舆论监督）；安全评价检测检验机构支持与服务（承担评价、认证、检测检验职责）。

（3）两结合监管体制

《安全生产法》明确了我国现阶段实行的国家安全生产监管体制。这种体制是国家安全生产综合监管与各级政府有关职能部门（消防救援、住房和城乡建设、交通运输、市场监督管理等部门）专项监管相结合的体制。各有关部门合理分工、相互协调，表明了我国安全生产法的执法主体是国家安全生产综合监管部门和相应的专门监管部门。

（4）七项基本法律制度

《安全生产法》明确了我国安全生产的基本制度，分别为：安全生产监督管理制度；生产经营单位安全保障制度；从业人员安全生产权利义务制度；生产经营单位负责人安全责任制度；安全评价检测检验机构服务制度；安全生产责任追究制度；事故应急救援和处理制度。

（5）四个责任对象

《安全生产法》明确了对我国安全生产具有责任的各方包括以下四个方面：政府责任方，即各级政府和对安全生产负有监管职责的有关部门；生产经营单位责任方；从业人员责任方；安全评价检测检验机构责任方。

二、安全生产监督与监察

18. 我国现行的安全生产监督管理体制是什么？

目前，我国安全生产监督管理体制是综合监管与行业监管相结合，国家监管与地方监管相结合，政府监督与其他监督相结合。

（1）综合监管与行业监管

应急管理部门是安全生产综合监督管理的主体行政部门，依法对安全生产实施综合监督管理。交通运输、水利、住房城乡建设、工业和信息化、文化和旅游、市场监督管理、生态环境等有关部门分别对交通、水利、建筑、电信、旅游、特种设备、核安全等行业和领域的安全生产工作进行监督管理，即行业监管或专业管理。

（2）国家监管与地方监管

国务院应急管理部门对全国安全生产工作实施综合监督管理，县级以上地方各级人民政府应急管理部门对本行政区域内安全生产工作实施综合监督管理。

（3）政府监督与其他监督

政府监督主要有应急管理部门和其他负有安全生产监督管理职责的部门的监督、监察部门的监督。其他监督主要有安全评价检测检验机构的监督，社会公众的监督，工会的监督，新闻媒体的监督，居民委员会、村民委员会等组织的监督。

19. 安全生产监督可以通过哪些方式进行？

安全生产监督的方式有一般监督和专门监督，每种监督中都包括行为监督和技术监督。

（1）行为监督

行为监督的内容主要包括监督检查生产经营单位安全生产

的组织管理、规章制度建设、从业人员教育培训、全员安全生产责任制的实施等工作。其目的和作用在于提高生产经营单位各级管理人员和普通从业人员的安全意识，落实安全措施，对违规操作、违反劳动纪律的不安全行为，严肃纠正和处理。

（2）技术监督

技术监督是对物质条件的监督检查，包括对新建、改建、扩建工程项目的安全设施，与主体工程同时设计、同时施工、同时投入生产和使用（即"三同时"）进行监督；对用人单位现有防护措施与设施完好率、使用率的监督；对劳动防护用品的质量、配备与正确使用情况的监督；对危险性较大的设备、危害性较严重的作业场所和特殊工种作业的监督等。其特点是专业性强，技术要求高。技术监督多从设备的本质安全入手。

二、安全生产监督与监察

20. 法律法规确定有哪些安全生产监督管理内容？

我国法律法规确定的安全生产监督管理的内容，主要包括以下七个方面。

（1）安全生产管理和技术的监督管理。
（2）安全评价检测检验机构和安全教育培训的监督管理。
（3）事故隐患排查治理方面的监督管理。
（4）伤亡事故报告和调查处理以及事故应急救援方面的监督管理。
（5）职业危害的监督管理。
（6）对女职工和未成年工特殊保护方面的监督管理。
（7）行政许可方面的监督管理。

相关链接

安全生产管理和技术的监督管理包括：是否建立、健全安全生产管理制度，是否做好特种作业人员安全生产管理、特种设备安全管理、危险化学品安全管理、重大危险源监控等；建设单位是否做到"三同时"，特别是矿山和涉及危险化学品的建设项目，是否进行安全条件论证和安全评价；特种设备的生产、使用、检测、检验是否符合有关法律、法规、标准的规定；劳动防护用品是否符合有关法律、法规、标准的规定，是否为从业人员配备合格的劳动防护用品，并教育、督促其正确佩戴、使用；生产工艺、工作场所和机械设备、建筑设施、易燃易爆危险场所等是否符合安全生产法律、法规、标准的要求。

行政许可方面的监督管理包括：对涉及安全生产的事项需要审查批准的，是否严格依照规定的安全生产条件和程序进行审查并加强监督检查。

21. 安全生产监督管理的基本特征有哪些？

（1）权威性

国家安全生产监督管理的权威性来源于法律的授权。法律是由国家的最高权力机关——全国人民代表大会及其常务委员会制定的，它体现的是国家意志。

（2）强制性

国家的法律都必然要求由国家强制力来保证其实施。各级人民政府有关部门对安全生产工作实施综合监督管理和专项监督管理，是依法行使监督管理权，因此以国家强制力作为后盾。

（3）普遍约束性

所有在中华人民共和国领域内从事生产经营活动的单位，凡涉及安全生产方面的工作，都必须接受统一的监督管理，履行《安全生产法》所规定的职责，不允许存在超越于法律之上的或逃避、抗拒《安全生产法》所规定的监督管理。这种普遍约束性，实际上就是法律的普遍约束力在安全生产工作中的具体体现。

> **法律提示**
>
> 《安全生产法》第二条规定，在中华人民共和国领域内从事生产经营活动的单位的安全生产，适用本法；有关法律、行政法规对消防安全和道路交通安全、铁路交通安全、水上交通安全、民用航空安全以及核与辐射安全、特种设备安全另有规定的，适用其规定。

22. 安全生产监督管理的基本原则是什么？

我国安全生产监督管理的基本原则是在保障人民生命财产

安全的前提下，通过科学、规范、有效的监督管理，预防和减少事故的发生，维护社会稳定和可持续发展，主要包括：一是依法治理，强化法律法规的制定和执行；二是责任明确，明确各级政府、企事业单位和个人的安全生产责任；三是风险防控，加强事故隐患排查和风险评估；四是全员参与，建立、健全安全生产教育培训机制；五是科技支撑，推动安全生产技术创新和应用；六是信息共享，加强安全生产信息的收集、共享和分析。基于上述原则，我国建立了一套完善的安全生产监督管理机制，包括监管部门的职责划分、监督检查的方式方法、事故应急救援体系等，以确保安全生产工作的有效推进和落实，为保障人民生命财产安全、维护社会稳定和可持续发展作出了积极贡献。

23. 负有安全生产监督管理职责的部门应该如何处理发现的事故隐患？

根据法律规定，负有安全生产监督管理职责的部门对检查中发现的事故隐患，应当责令立即排除；重大事故隐患排除前或者排除过程中无法保证安全的，应当责令从危险区域内撤出作业人员，责令暂时停产停业或者停止使用相关设施、设备。

对生产经营单位的现场检查，由负有安全生产监督管理职责的部门的监督检查人员（以下统称安全生产监督检查人员）履行。对于一般事故隐患，安全生产监督检查人员可直接责令立即排除；对于重大事故隐患，负有安全生产监督管理职责的部门可以依法作出停产停业、停止施工、停止使用相关设施或设备的决定，生产经营单位应当依法执行，及时消除事故隐患。

重大事故隐患排除后，负有安全生产监督管理职责的部门应当对隐患排除情况和安全生产条件依法进行审查，经审查同意后，才能恢复生产经营或者使用相关的设施、设备等。

24. 生产经营单位应该如何处理发现的事故隐患？

隐患会导致事故，隐患不除事故不断。因此，生产经营单位的安全生产管理机构以及安全生产管理人员的根本职责，就是及时排查本单位的生产安全事故隐患。安全生产管理机构以及安全生产管理人员应当根据本单位生产经营特点、风险分布、危害因素的种类和危害程度等情况，制订检查工作计划，明确检查对象、任务和频次。

安全生产管理机构以及安全生产管理人员应当有计划、有步骤地巡查、检查本单位每个作业场所和设施、设备，不留死角。对于安全风险大、容易发生生产安全事故的地点，应当加大检查力度。

对于检查中发现的事故隐患，应当立即整改或排除；不能立即整改或排除的，应暂时停止作业或施工，责令有关业务部门、车间、班组提出整改措施，限期整改；在整改期间有可能发生生产安全事故，危及从业人员生命健康的，应当立即撤离从业人员到安全地点；对于迟迟未整改完成的事故隐患，应当及时向本单位主要负责人或者主管安全生产工作的负责人报告。在排查事故隐患的过程中，发现本单位在安全生产管理、技术、装备、人员等方面存在问题的，安全生产管理机构以及安全生产管理人员有责任及时提出改进的建议，相关建议应具有科学性、针对性、有效性。

二、安全生产监督与监察　　31

> **法律提示**

　　《安全生产法》第二十一条规定，生产经营单位的主要负责人对本单位安全生产工作负有组织建立并落实安全风险分级管控和隐患排查治理双重预防工作机制，督促、检查本单位的安全生产工作，及时消除生产安全事故隐患的职责。

　　《安全生产法》第四十一条规定，生产经营单位应当建立健全并落实生产安全事故隐患排查治理制度，采取技术、管理措施，及时发现并消除事故隐患。事故隐患排查治理情况应当如实记录，并通过职工大会或者职工代表大会、信息公示栏等方式向从业人员通报。其中，重大事故隐患排查治理情况应当及时向负有安全生产监督管理职责的部门和职工大会或者职工代表大会报告。

25. 什么是安全生产监察机制？

除了综合监督管理与行业监督管理外，国家为了加强安全生产监督管理工作，针对某些危险性较高的特殊领域，专门建立了国家监察机制。安全生产监察机制是指由国家相关部门建立和运行的一系列制度和措施，旨在加强监督和管理相关领域生产经营活动，保障生产过程中的安全和防范事故发生。这些机制包括建立相关专项法律法规、设立监督检查机构、加强执法力度、推行安全生产标准、开展安全生产宣传教育等措施，旨在促进生产经营单位落实安全生产责任，保障从业人员和公众的安全。

相关链接

安全生产监察的目的是督促生产经营单位按照安全生产法律法规和有关规定从事生产经营活动。安全生产监察程序是指监督检查活动的步骤和顺序，一般包括：监察准备；调查用人单位执行安全生产法律法规及有关标准的情况；调查作业现场；提出意见或建议；发出安全生产行政处罚决定书。

26. 安全生产监督管理的方式有哪些？

现代社会生产经营活动无处不在，而生产安全事故的发生给生产经营单位和社会带来了巨大的损失和影响。为了确保生产经营活动的安全稳定进行，监督管理工作显得尤为重要。在安全生产管理中，事前、事中和事后的监督管理相互关联，构成了一套完整的安全管理体系，涵盖了事前预防、事中应对和事后处理的全过程。

（1）事前的监督管理

在安全生产管理中，事前的监督管理是确保生产经营单位落实安全生产责任的重要环节。此类监督管理涵盖了安全生产许可事项的审批，如安全生产许可证、经营许可证、特种作业操作证等，以及部分行业生产经营单位主要负责人和安全生产管理人员的安全生产知识和管理能力的考核工作。通过事前的监督管理，可以从源头上确保生产经营单位的合法合规操作，并有效防范和减少生产安全事故的发生。通过审批和考核程序，可以有效筛选出具备安全生产条件和资质的单位和人员，为生产经营活动的安全提供有力保障。

（2）事中的监督管理

在安全生产管理中，事中的监督管理是保障生产过程中的安全要求得到严格执行的重要环节，在生产过程中扮演着重要的角色，能够及早发现和解决生产过程中的安全问题，确保工作场所的安全性和稳定性，从而降低生产安全事故的发生概率，保障从业人员和公众的生命财产安全。

（3）事后的监督管理

事后的监督管理是涉及生产安全事故发生后的应急救援、调查处理和防范措施提出的重要环节。在生产安全事故发生后，通过事后的监督管理能够全面了解事故情况，查明事故原因，并严肃处理有关责任人员，提出有效的防范措施，应严格按照"四不放过"原则处理发生的生产安全事故，以避免类似事故再次发生。通过事后的监督管理，能够全面总结和处理生产安全事故，发现问题，强化安全管理，有效预防和遏制潜在的事故隐患，从而为当前和未来的安全生产管理工作提供宝贵的经验和教训，提高生产经营单位的安全生产管理水平。

> **知识学习**
>
> "四不放过"原则是指，事故原因未查清不放过、责任人员未处理不放过、整改措施未落实不放过、有关人员未受到教育不放过。

27. 如何进行隐患举报？

安全生产是企业和社会发展的基础，而及时有效地举报事故隐患则是保障安全生产的重要环节。为了提高安全生产监管的效率，确保人民群众生命财产安全，举报事故隐患变得尤为重要。下面将介绍几种常见的举报方式。

（1）电话举报

电话举报是最常见也是最便捷的途径之一。个人或单位可以通过拨打"12350"全国统一安全生产举报投诉电话或者其他相关部门的举报电话，将发现的事故隐患进行详细描述，并提供相关证据和线索。值班人员会记录相关信息，并及时处理。

（2）网络举报

随着互联网的普及，网络举报也得到了广泛应用。个人或单位可以通过应急管理部官方网站的安全生产举报系统或其他相关部门的官方网站进行安全生产举报。在网上举报时，需要提供详细的举报内容，包括时间、地点、有关单位或个人的相关信息以及相关证据的上传等。

（3）书面举报

书面举报是一种正式和严肃的举报方式。个人或单位可以撰写举报信，详细描述发现的事故隐患，并提供相关证据和线索。举报信需要密封，并寄送到应急管理部门或其他相关部门的监管机构，应确保举报内容的真实性和保密性。

（4）实地举报

个人或单位可以亲自前往相关部门，将发现的事故隐患进行实地举报。举报时，需要提供详细的隐患信息，同时也可以向相关部门的工作人员咨询相关规定和政策，以便更好地了解举报的程序和要求。

> **法律提示**
>
> 《安全生产法》第五十九条规定，从业人员发现事故隐患或者其他不安全因素，应当立即向现场安全生产管理人员或者本单位负责人报告；接到报告的人员应当及时予以处理。
>
> 《安全生产法》第七十四条规定，任何单位或者个人对事故隐患或者安全生产违法行为，均有权向负有安全生产监督管理职责的部门报告或者举报。
>
> 《安全生产法》第七十五条规定，居民委员会、村民委员会发现其所在区域内的生产经营单位存在事故隐患或者安全生产违法行为时，应当向当地人民政府或者有关部门报告。

28. 安全生产监督检查人员的主要职责是什么？

安全生产监督检查人员是指应急管理部门和对有关行业、领域的安全生产工作负有监督管理职责的部门的监督检查人员。安全生产监督检查人员必须依法履行监督检查职责。安全生产监督检查职责是指《安全生产法》第六十五条规定的职权，包括现场调查取证权、现场处理权、查封或扣押权等。赋予安全生产监督检查人员与其职责相适应的监督检查权利，是保证其依法履行职责的基础。

安全生产监督检查人员的职责主要包括以下四个方面：

（1）进入生产经营单位进行检查，调阅有关资料，向有关单位和人员了解情况。

（2）对检查中发现的安全生产违法行为，当场予以纠正或者要求限期改正；对依法应当给予行政处罚的行为，依法作出行政处罚决定。

（3）对检查中发现的事故隐患，应当责令立即排除；重大事故隐患排除前或者排除过程中无法保证安全的，应当责令从危险区域内撤出作业人员，责令暂时停产停业或者停止使用相关设施、设备；重大事故隐患排除后，经审查同意，方可恢复生产经营和使用。

（4）对有根据认为不符合保障安全生产的国家标准或者行业标准的设施、设备、器材以及违法生产、储存、使用、经营、运输的危险物品予以查封或者扣押，对违法生产、储存、使用、经营危险物品的作业场所予以查封，并依法作出处理决定。

> **法律提示**
>
> 《安全生产法》第六十七条规定，安全生产监督检查人员应当忠于职守，坚持原则，秉公执法。安全生产监督检查人员执行监督检查任务时，必须出示有效的行政执法证件；对涉及被检查单位的技术秘密和业务秘密，应当为其保密。
>
> 《安全生产法》第六十八条规定，安全生产监督检查人员应当将检查的时间、地点、内容、发现的问题及其处理情况，作出书面记录，并由检查人员和被检查单位的负责人签字；被检查单位的负责人拒绝签字的，检查人员应当将情况记录在案，并向负有安全生产监督管理职责的部门报告。

29. 特种设备安全监察的体制是什么？

特种设备安全监察是安全生产监管工作的一部分。我国安全生产管理实行的是综合监督管理与专项安全监察相结合的工作体制，应急管理部门全面负责安全生产工作的综合监督管理；市场监督管理部门负责特种设备安全监督管理。特种设备安全监察是代表政府对特种设备实施的专项监察，公正性不容置疑，也不受部门或行业的限制。

国家按照分类监督管理的原则对特种设备生产实行许可制度。国家市场监督管理总局负责监督指导全国特种设备安全监督检查工作，可以根据需要组织开展监督检查。县级以上地方市场监督管理部门负责本行政区域内的特种设备安全监督检查工作，根据上级市场监督管理部门部署或者实际工作需要，组织开展监督检查。

国务院特种设备安全监督管理部门可以授权省、自治区、直辖市特种设备安全监督管理部门负责特种设备行政许可工作，具体办法由国务院特种设备安全监督管理部门制定。

三、安全生产检查

30. 什么是安全生产检查?

安全生产检查是在生产实践中创造出来,在劳动保护工作中具体运用,推动安全生产工作开展的有效措施。安全生产检查的目的是预防事故的发生,保障从业人员和公众的生命安全,是一种全面审查、检测和评估生产经营单位的生产设施,以及相关安全管理制度的有效性的监管措施。通过检查,可以发现可能存在的事故隐患,及时采取措施予以消除。

安全生产检查包括生产经营单位本身对劳动安全卫生工作进行的经常性检查,也包括由地方应急管理部门、行业主管部门联合组织的定期检查,既可以是普遍性检查,也可以对某项问题,如防暑降温、电气安全等进行专项重点检查或季节性检查。

31. 安全生产检查有哪几种常见类型?

安全生产检查通常可分为以下六种类型。

(1)定期安全生产检查

定期安全生产检查一般通过有计划、有组织、有目的的形式实现,由生产经营单位统一组织实施,如月度检查、季度检查、年度检查等。

(2)经常性安全生产检查

经常性安全生产检查是由生产经营单位安全生产管理部门、车间、班组组织进行的日常检查。一般来讲,经常性安全生产检查包括交接班检查、班中检查、特殊检查等形式。

(3)季节性及节假日前后安全生产检查

季节性安全生产检查由生产经营单位统一组织,检查内容和范围根据季节变化,如冬季检查防冻保温、防火、防煤气中毒,夏季检查防暑降温、防汛、防雷电等。此外,由于节假日(特别是重大节日,如元旦、春节、劳动节、国庆节)前后容易发生事故,因而应在节假日前后进行有针对性的安全生产检查。

(4)专业(项)安全生产检查

专业(项)安全生产检查是对某个专业(项)问题或普遍性安全问题的某一方面进行的单项定性或定量检查,如对危险性较大的在用设备设施、作业现场环境条件的管理或监督质量进行的定量检测检验等。

(5)综合性安全生产检查

综合性安全生产检查一般是由上级主管部门组织的安全生产检查,具有检查内容全面、检查范围广等特点。

(6)职工代表不定期安全检查

生产经营单位的工会应定期或不定期组织职工代表进行安全生产检查,重点检查国家安全生产方针、法律法规的贯彻执行情况,全员安全生产责任制和规章制度的落实情况,生产现场的劳动条件等。

32. 安全生产检查的内容有哪些?

安全生产检查的内容可以分为软件检查和硬件检查。软件检查主要是指查思想、查意识、查制度、查管理、查事故处理、查隐患、查整改。硬件检查主要是指查生产设备、查辅助设施、查安全设施、查作业环境。

安全生产检查一般包括以下内容:

(1)对于连续生产的企业,重点检查交接班制度执行情况。

(2)危险施工现场应配备安全监护人,并要认真履行职责,保留完整的安全监护记录。所使用的设备、设施、工具、用具等都应有专人保管,有安全生产检查责任牌,按时进行检查。

（3）所有设备、设施、工具、用具等必须完好齐全；防护、保险、信号、报警等安全装置完好齐全、准确有效；所有场地的油、气、水管线及阀门无跑、冒、滴、漏现象；消防设施、器材、工具按要求配备，保管完好，定期进行检验和维修，实行挂牌责任制。

（4）应设置安全标志的地方，按标准设置且确保标志完好清晰；电气、电路安装正确、完好；应使用防爆电气设备的地方，按要求使用；应安装防静电装置的地方，按要求正确安装。

（5）生产场地平整、清洁，无危险建筑及设施；生产的成品、半成品，所用的材料、原料，使用的用具、工具等，堆放、摆放符合安全要求；对于易燃易爆及危险物品，生产中不需使用的严禁出现，需要使用的，应有安全规定及防护措施；光线、照明符合国家标准；应安装安全防护设施的地方，按标准进行安装。

（6）禁烟火的生产场所，应无烟蒂、火柴棒及其他点火源；动火作业按要求办理动火作业许可证，并制定严格的防护措施；生产现场不许使用电炉、煤（汽、柴）油炉和液化气炉，确需使用的，应经过批准并制定相关的安全规定，并按规定执行。

33. 安全生产检查有什么重要意义？

安全生产检查是企业贯彻落实"安全第一、预防为主、综合治理"安全生产方针的重要手段，同时也是发现安全隐患、堵塞安全漏洞、强化安全管理、搞好安全生产的重要措施之一。作为安全管理中的重要部分，安全生产检查的目的是识别潜在的危险，确定危害的根本原因，对危险源实施监控，最终采取纠正措施，确保生产经营单位安全、健康、稳定发展。

安全生产检查是生产经营单位及其生产班组安全管理工作的重要内容,可以起到以下7个方面的重要作用。

(1)通过安全生产检查,可以发现生产过程中人的不安全行为和物的不安全状态及安全生产管理上存在的问题,从而采取对策,消除不安全因素,保障生产安全。

(2)通过安全生产检查,可以发现潜在危险与有害因素,清除危险源,消除事故隐患,最大限度地降低伤亡事故发生频率和经济损失。

(3)通过安全生产检查,可以对生产过程中存在的职业病危害因素与环境进行归类总结并采取措施进行消除,有效防范职业病的发生。

(4)通过安全生产检查,可以进一步宣传、贯彻、落实安全生产方针、政策和各项安全生产规章制度,增强各类从业人员执行安全生产操作规程的主动性和自觉性。

（5）通过安全生产检查，可以增强管理人员和一线从业人员的安全生产意识，纠正违章指挥、违规作业及违反劳动纪律的行为。

（6）通过安全生产检查，可以创造互相学习、总结经验、吸取教训的安全生产氛围，取长补短，促进生产经营单位的安全生产工作不断进步。

（7）通过安全生产检查，可以掌握安全生产动态，分析安全生产形势，为研究加强安全管理提供信息支持。

34. 安全生产检查工作的组织与形式是什么？

（1）安全生产检查工作的组织

安全生产检查是主动性的安全防范。安全生产检查要坚持管理人员与一线从业人员相结合、综合检查与专业检查相结合、检查与整改相结合的原则，并做到经常化、制度化、规范化。

对检查出的事故隐患，要进行原因分析，及时实施整改措施，对事故隐患按照整改"四定"原则（定措施、定负责人、定期限、定资金来源）落实。对检查中发现的一般事故隐患，要立即整改。对不能立即处理的隐患，实施跟踪监督，采取临时应急措施，挂牌限期整改。对不具备整改条件的隐患，要采取一定的应急防范措施或临时解决措施，在条件具备的情况下彻底整改，确保安全生产。对危险性及危害性较大的隐患，必须立即停产停业并落实整改措施。

（2）安全生产检查工作的形式

1）以生产经营单位的管理人员为主，组成安全生产检查组进行安全大检查活动。

2）管理人员和一线从业人员相结合组成安全生产检查组开展检查活动。

3）以专业技术人员为主开展检查评估活动。

4）以一线从业人员为主开展自查。

35. 安全生产检查有哪些要求和法律责任？

《安全生产法》中明确规定了有关安全生产检查的要求与法律责任，具体如下。

（1）安全生产检查要求

生产经营单位的安全生产管理人员应当根据本单位的生产经营特点，对安全生产状况进行经常性检查；对检查中发现的安全问题，应当立即处理；不能处理的，应当及时报告本单位有关负责人，有关负责人应当及时处理。检查及处理情况应当如实记录在案。

生产经营单位的安全生产管理人员在检查中发现重大事故隐患，依照上述规定向本单位有关负责人报告，有关负责人不及时处理的，安全生产管理人员可以向主管的负有安全生产监督管理职责的部门报告，接到报告的部门应当依法及时处理。

生产经营单位的主要负责人应组织建立并落实安全风险分级管控和隐患排查治理双重预防工作机制，督促、检查本单位的安全生产工作，及时消除生产安全事故隐患。

生产经营单位的安全生产管理机构以及安全生产管理人员应检查本单位的安全生产状况，及时排查生产安全事故隐患，提出改进安全生产管理的建议。

从业人员发现事故隐患或者其他不安全因素，应当立即向现场安全生产管理人员或者本单位负责人报告；接到报告的人员应当及时予以处理。

（2）安全生产检查法律责任

生产经营单位未采取措施消除事故隐患的，责令立即消除或者限期消除，处5万元以下的罚款；生产经营单位拒不执行的，责令停产停业整顿，对其直接负责的主管人员和其他直接责任人员处5万元以上10万元以下的罚款；构成犯罪的，依照刑法有关规定追究刑事责任。

两个以上生产经营单位在同一作业区域内进行可能危及对方安全生产的生产经营活动，未签订安全生产管理协议或者未指定专职安全生产管理人员进行安全检查与协调的，责令限期改正，处5万元以下的罚款，对其直接负责的主管人员和其他直接责任人员处1万元以下的罚款；逾期未改正的，责令停产停业。

36. 车间、班组安全生产管理人员安全生产检查具体包括哪些内容？

企业车间、班组的安全生产管理人员是安全生产检查工作的重要实施者之一，其检查内容与广大的一线从业人员密切相关，也是安全生产检查的关键和实处。检查的内容应覆盖生产经营的全过程，具体如下。

（1）车间平面布置

1）检查重要装置的围栏设置是否符合要求。

2）检查重要装置是否处于火源的下风位置。

3）检查危险装置是否与控制室、变电室隔开。

4）检查车间内部空间是否按照规定进行合理布置，如按照物质的危险性、数量、运转条件、机器安全性等进行合理布局。

5）检查储罐间距是否符合防火规定，是否有防液堤等。

6）检查生产废弃物的处置是否符合规定，是否有需要特殊处理的污染物。

（2）建筑标准

1）检查有助于火焰传播和蔓延的部分，如地板和墙壁开口、通风和空调管道、电梯竖井、楼梯通道等的防火情况。

2）检查有爆炸危险的车间是否采用了防火墙，其屋顶材料、防爆排气孔是否符合防火要求。

3）检查厂房出入口和紧急通道是否阻塞，有无明显标志或警告装置。

4）检查有毒物质和可燃物质排出装置的状况（包括换气风扇、空气调节系统、有毒气体捕集系统、新鲜空气入口位置等）。

5）检查各建筑物、道路等的照明情况。

（3）车间环境

1）检查车间里是否装设了有毒气体浓度检测装置，有毒气体是否超过最大允许浓度。

2）检查各种管线（蒸气、水、空气管路及电线）及支架等是否阻碍了工作地点的通道。

3）检查原材料的临时堆放场所及产品和半成品的堆放是否良好。

4）检查是否对有火灾爆炸危险的工作采取了隔离措施；隔离墙是否为加强墙壁，窗户尺寸是否符合要求，玻璃是否采用钢化玻璃或内嵌铁丝网，屋顶或必要地点是否预设了爆炸压力排放口。

5）检查设备是否有足够的维修空间。

6）检查在容器内部进行清扫和检修时，遇到危险情况检修人员是否能顺利逃出。

7）检查高温装置表面是否进行了防护。

8）检查传动装置是否装设了安全防护罩或采取了其他防护措施。

9）检查通道和工作地点的层高是否符合要求。

10）检查用人力操纵的阀门、开关或手柄是否有相应的安全防护措施。

11）检查电动升降机是否有安全钩和行程限位器，电梯是否装有内部联锁装置。

12）检查有危险性的工作场所是否至少有两个出口。

13）检查噪声大的装置是否有防止噪声的措施。

14）检查电气系统是否装有电源切断开关。

（4）场内运输

1）检查厂内道路是否适于步行，是否适于紧急情况下车辆的快速移动，是否有明显的标志并有专人管理。

2）检查厂内机动车辆有无安全装置，有无定期检修和管理制度。

3）检查易燃易爆液体罐车在装卸地点有无接地装置，有无安全操作空间和防止操作人员从罐车上坠落的措施。

（5）生产工艺

1）检查操作人员是否知晓材料的理化性质（熔点、沸点、燃点、危险性等级等），以及材料受到冲击或发生异常反应时产生的后果。

2）检查对可燃物的防范措施。

3）检查粉尘爆炸的潜在危险性。

4）检查操作人员是否了解材料的毒性及允许浓度。

5）检查为防止腐蚀及反应生成危险物质所采取的措施。

6）检查生产流程的变更对安全造成的影响。

7）检查原材料在储存时的安全性（原材料是否会发生自燃、自聚、分解等反应）。

8）检查消防装置及灭火器材。

9）检查发生火灾时的应急措施。

10）检查对有火灾爆炸危险的操作采取的隔离措施。

11）检查装置内部可能生成的可燃性混合物。

12）检查针对异常温度、异常压力、异常反应、混入杂质，以及跑、冒、滴、漏的预防控制措施。

13）检查发生异常情况时，有无将反应物质迅速排除的措施。

（6）设备状态

1）检查各种生产管线潜在的危险性。

2）检查外部发生火灾时设备内部的危险程度。

3）检查有无抑制火灾蔓延和减少损失的必要设施。

4）检查紧急阀门或紧急开关是否易于操作。

5）检查重要装置和压力容器的工作状态。

6）检查是否有防静电措施。

7）检查是否对有爆炸敏感性的设备进行了隔离。

8）检查压力容器是否符合国家有关规定并进行了登记。

9）检查压力容器是否进行了外观检查、无损探伤和耐压试验。

10）检查设备的可靠性、可维修性。

11）检查设备本身的安全装置。

12）检查安全控制仪表是否已作为整体设计的一部分。

13）检查仪表、记录装置等的显示数据是否易于辨识。

14）检查是否对仪表的性能进行定期试验和检查。

15）检查使用的电气设备是否符合国家标准。

16）检查是否有防止超负荷和短路的装置。

17）检查如果动力线发生损坏，是否有防止触电的措施。

（7）操作管理

1）检查操作规程、岗位作业标准、安全守则等的制定情况，以及是否定期或在工艺流程、操作方式改变后进行讨论、修改。

2）检查操作人员是否受过安全训练，检查操作人员对本岗位潜在危险性的了解程度。

3）检查开停车操作规程是否经过安全审查。

4）检查是否有专门针对特殊危险作业的制度。

5）检查操作人员是否受过紧急事故处理培训。

6）检查操作人员使用安全设备、劳动防护用品等是否熟练。

7）检查日常进行的维护检修作业的潜在性危险。

8）检查定期安全生产检查和定点检查制度的执行情况。

（8）防火设施

1）检查是否根据建筑物的结构（如开放式或封闭式）和建筑材料（如可燃材料或非燃烧材料）选用了相应的消防设备。

2）检查消防设备的容量和数量是否够用。

3）检查建筑物内部是否配备了消防设施和器材。

4）检查可燃性液体罐区是否配备了适用的防火设施，防液堤外是否有排液设备。

5）检查需要负重的钢结构是否涂有防腐材料，其厚度及高度是否适当。

6）检查是否有防止粉尘爆炸的措施。

7）检查可燃性液体储罐之间的安全距离是否合适。

8）检查是否有防止外部火灾破坏生产设备的措施。

9）检查贵重器材、特别危险的操作、不能停止运行的重要生产设备是否位于不燃烧的建筑物或采用防火墙、隔墙等加以隔离。

10）检查火灾报警装置是否安置在适当的地点。

11）检查发生火灾时，是否有备用的紧急联络措施。

37. 有哪些常用的安全生产检查方法？

安全生产检查常用的方法有以下三种。

（1）常规检查

常规检查是一种常见的安全生产检查方法。常规检查通常由安全生产管理人员作为检查工作的主体，到作业场所的现场，通过感官或借助一定的简单工具、仪表等，对作业人员的行为、作业场所的环境条件、生产设备设施等进行定性检查。安全生产管理人员通过常规检查，可及时纠正作业人员的不安全行为，发现现场存在的事故隐患并采取措施予以消除。这种方法完全依靠安全生产管理人员的经验和能力，检查的结果直接受安全生产管理人员个人素质的影响。因此，常规检查对安全生产管理人员的要求较高。

（2）安全生产检查表法

为使检查工作更加规范，使个人行为对检查结果的影响降到最低，常采用安全生产检查表法。安全生产检查表是为了系统地找出系统中的不安全因素，事先对系统加以剖析，列出各层次的不安全因素，确定检查项目，并把检查项目按系统的组成顺序编制成表，以便进行检查或评审的表格。安全生产检查表是进行安全生产检查、发现和查明各种危险和隐患、监督各项安全规章制度的落实、制止违章行为的一种有力工具。

我国许多行业都编制并实施了符合行业特点的安全生产检查标准。生产经营单位在实施安全生产检查工作时，可以根据行业颁布的安全生产检查标准，结合本单位实际情况编制可操作性更强的安全生产检查表。

（3）仪器检查法

机器、设备内部的缺陷及作业场所环境条件的真实信息或定量数据，只能通过专业仪器进行定量的检验与测量，进而发现事故隐患,为后续整改提供可靠的信息,因此必要时需要实施仪器检查法。此外,由于被检查对象不同,检查所用的仪器和手段也不同。

38. 什么是安全生产检查表?

安全生产检查表是指将被评价系统剖析,分成若干个单元或层次,列出各单元或各层次的危险因素,然后确定检查项目,把检查项目按单元或层次的组成顺序编制而成的表格。使用时,大多以提问或现场观察的方式确定各检查项目的状况并填写到表格对应的位置上,从而对系统的安全状态进行评价。

安全生产检查表法是将一系列检查项目编制成表进行分析,以确定系统、场所的状态是否符合安全要求,通过检查发现系统中存在的事故隐患,提出改进措施的一种方法。检查项目可以包括场地、周边环境、设施、设备、操作、管理等方面。

> **知识学习**
>
> 安全生产检查表应列举需查明的所有会导致事故的不安全因素。每个检查表均需注明检查时间、检查者、直接负责人等,以便分清责任。安全生产检查表的设计应做到系统、全面,检查项目应明确。
>
> 安全生产检查表法属于系统安全分析方法中的一种,除此之外,分析方法还包括故障类型及影响分析、预先危险性分析、危险性与可操作性研究、事故树分析、事件树分析等。其中,安全生产检查表法是实际安全生产中使用最为普遍的一种。

39. 使用安全生产检查表法进行安全生产检查有哪些优点?

安全生产检查的最有效工具是安全生产检查表,其实质是为检查某些系统的安全状况而事先制定的问题清单。为了使安全生产检查表能全面查出不安全因素,且便于操作,根据安全生产检查的需要、目的、被检查的对象,可编制多种类型的相对通用的安全生产检查表,如项目工程设计审查用的安全生产检查表,项目工程竣工验收用的安全生产检查表,生产经营单位综合安全管理状况的安全生产检查表,生产经营单位主要危险设备、设施的安全生产检查表;以及面向不同专业类型,面向不同层次(车间、工段、岗位)的安全生产检查表等。制定安全生产检查表的人员应当熟悉该系统或该专业的安全技术法规。安全生产检查表的优点包括:

(1)能够事先编制,可以做到系统化、科学化,不漏掉任何可能导致事故的不安全因素,为事故树的绘制和分析提供可靠信息。

(2)可以以现有的法律、法规、标准、规范等为依据,检查其执行情况,得到正确的结论。

(3)通过事故树分析和安全生产检查表的编制,将实践经验汇总形成理论,将感性认识转化为理性认识,再用理论指导实践,这样有助于充分认识各种影响事故发生的因素的危险程度。

(4)将事件按重要程度顺序排列,有问有答,通俗易懂,能使从业人员清楚地知道哪些事件重要、哪些次要,促进其正确操作,起到安全教育的作用。

(5)安全生产检查表不仅可起到指导手册和备忘录的作用,而且会使安全生产检查工作更为系统、全面和准确。

(6)分析的弹性很大,既可用于简单的快速分析,也可用于深层次的分析。

（7）可以与安全生产责任制相结合，根据检查对象的不同使用不同的安全生产检查表，既易于分清责任，还可以提出改进方案。

（8）简单易学，容易掌握，符合我国现阶段的实际情况，为安全预测和决策提供坚实的基础。

> **知识学习**
>
> 安全生产检查表同样具有一些缺陷：
> （1）只能做定性的评价，不能给出定量的评价结果；
> （2）只能对已经存在的对象进行评价，如果要对处于规划或设计阶段的对象进行评价，必须从已经存在的对象中找到相似或类似的进行评价。

40. 编制安全生产检查表有哪些注意事项？

安全生产检查表法是实际生产中简便高效的安全生产检查方法，但安全生产检查表的使用效果与其编制质量紧密相关，只有在编制科学合理的情况下，才能达到安全生产检查所应具备的效果。安全生产检查表的编制主要有以下七点注意事项。

（1）有法可依

安全生产检查表的编制要以法律、法规、规章和安全技术标准为依据，在充分了解系统的基础上进行。

（2）科学合理

安全生产检查表的编制是一个复杂、严谨的过程，应针对不同的检查对象和目的，组织技术人员、管理人员、操作人员等，在结合理论知识和实践经验的基础上共同完成。

三、安全生产检查

(3) 符合实际

根据生产系统、车间、班组的实际情况编写安全生产检查表，应采取安全管理人员、生产技术人员和实践经验丰富的一线从业人员相结合的方式编写，而且在实践检验下不断修改、不断完善。经过一定时间的实践后，可以将使用情况较好的安全生产检查表标准化。

(4) 协调有序

为了确保使用可靠，必须使各类安全生产检查表之间协调有序。在使用上，不同班组、工种、专业等的安全生产检查表，要做到统一配套，并做好供应、收存等方面的协调发展；在内容上，要做到明确、统一、可行的协调发展；在结构上，必须体现其结构独立、功能突出的特点。

(5) 重点突出

安全生产检查表中的项目要全面、具体、明确，检查表要条理清晰、重点突出、避免重复、简明扼要，在内容上要突出安全生产检查的重点。就一般情况而言，其重点内容大致包括不安全状态和不安全行为，机械设备及特种设备中的易损坏零部件情况，作业场所环境条件是否符合安全要求，职业病危害因素是否得到控制等。检查表的编制要有针对性，不同类别检查表的适用范围和侧重点都不同，不宜通用，专业与日常、重点与次要、管理者与操作者等的检查内容要有区分，做到各负其责。

（6）一事一议

一事一议主要是指在各类安全生产检查表中，要确保每个检查项目只针对一项检查内容，只提出一个问题，这样才能确保填写检查表时只需简单地回答相应问题。

（7）不断完善

安全生产检查表应用后，要通过实践检验不断修改，使之逐步完善。检查表要力求系统完整，不漏掉任何能引发事故的关键危险因素，检查表中的检查项目要随着工艺和设备的改进而不断更新。

41. 有哪几种常用的安全生产检查表？

安全生产检查表的分类方法很多，如可按基本类型、使用场合等分类。

（1）安全生产检查表按其基本类型可分为定性检查表、半定量检查表和否决型检查表三类。定性检查表是列出检查要点后逐项检查，检查结果以"是"或"否"表示，检查结果不能量化。半定量检查表是给每个检查要点赋予分值，检查结果以总分表示，有了量的概念，不同的检查对象之间也可以相互比较，但缺点是检查要点的准确赋值比较困难，而且个别十分突出的危险不能充分地体现。否决型检查表是对一些特别重要的检查要点进行标记，如果这些检查要点不符合要求，检查结果视为不合格,即具有一票否决的作用,这样可以做到重点突出。

(2)安全生产检查表按其使用场合大致可分为以下五种。

1)设计用安全生产检查表。这种检查表主要供设计人员进行安全设计时使用,也可作为审查设计的依据。其主要内容包括厂址选择、平面布置、工艺流程的安全性、建筑物、安全装置的安全性、危险物品的性质、储存与运输、消防设施等。

2)厂级安全生产检查表。这种检查表供全厂安全生产检查时使用,也可供安全管理、消防管理部门进行日常巡回检查时使用。其内容主要包括厂区内各种产品的工艺和装置的危险部位、主要安全装置与设施的使用状况、危险物品的储存与使用、消防通道与设施、操作管理以及遵章守纪情况等。

3)车间用安全生产检查表。这种检查表主要供车间进行定期安全生产检查时使用。其内容主要包括人员安全、设备布置、通道、通风、照明、噪声、振动、安全标志、消防设施及操作管理等。

4)工段及岗位用安全生产检查表。这种检查表主要用作自查、互查及安全教育。其内容应根据岗位的工艺与设备的防灾控制要点确定,要求内容具体、操作性强。

5)专业性安全生产检查表。这种检查表由专业机构或职能部门编制和使用,主要用于定期的专业检查或季节性检查,如针对电气设备、压力容器、特种设备等的专业检查表。

42. 安全生产检查工作包括哪几个步骤?

安全生产检查工作一般包括以下五个步骤。

(1)安全生产检查准备

安全生产检查准备是指在开展安全生产检查之前进行的一

系列组织和计划工作。这一过程旨在确保检查能够高效、全面地进行，发现潜在的安全风险和问题，并采取相应的预防和改进措施。进行安全生产检查前的准备至关重要，充分的准备能够为安全生产检查奠定坚实的基础。

（2）实施安全生产检查

实施安全生产检查就是通过访谈、查阅文件、现场检查、仪器测量等方式获取信息。

（3）通过分析作出判断

获取信息（掌握情况）之后，就要进行分析、判断和检验。可凭经验、技能进行分析和判断，必要时可以通过仪器检验得出正确结论。

（4）及时进行处理

作出判断后应针对存在的问题作出采取措施的决定，即下达隐患整改意见和要求，同时还应要求相关部门对整改进度进行反馈。

（5）实现安全生产检查工作闭环

通过复查整改落实情况，获取整改效果的信息，以实现安全生产检查工作的闭环。

43. 安全生产检查的准备工作有哪些？

（1）明确检查对象、目的、任务

明确检查对象的具体范围，包括检查对象属于哪个部门、哪条生产线并确定其工作区域；明确检查的目的，以确保检查安全、合规；明确检查任务是指确定检查关注的重点，如设备安全、作业规范等。

（2）明确检查依据

查阅并掌握有关法律、法规、标准、规程的要求，包括研究国家、地区和行业的相关法律、法规，了解安全技术标准和生产经营单位内部的规程，确保检查过程中充分遵循法定要求。

（3）进行技术准备

了解检查对象的工艺流程、生产情况、可能发生危险的情况。要深入了解生产现场的实际情况，包括可能存在的危险源，以便更有针对性地进行检查。

（4）制订计划

制订检查的具体计划，规划检查的时间表，确定检查的详细内容，选择合适的检查方法和步骤，确保检查全面、系统且高效。

（5）编制检查表或检查提纲

要制定详尽的检查表或提纲，明确每个检查项目，列出相应的安全标准和要求，以便检查人员按照固定的标准进行检查。

（6）准备必要的用品

确保检查人员携带必要的工具和仪器，准备好书写表格或记录本，以记录检查过程中的关键信息和观察结果。

（7）挑选和培训检查人员

要详细说明挑选检查人员的标准，进行必要的培训，确保他们了解检查的目标和程序，并明确每个检查人员的具体任务，进行必要的分工，以便有序而高效地执行检查工作。

44. 如何实施安全生产检查？

（1）访谈

通过与有关人员谈话来了解相关部门、岗位执行规章制度的情况。

（2）查阅文件和记录

检查设计文件、安全措施、责任制度、操作规程等是否齐全、有效。查阅相应记录，判断上述文件是否被执行。

（3）现场检查

到作业现场寻找不安全因素、事故隐患、事故征兆等。

（4）仪器测量

利用一定的检测检验仪器，对在用的设施、设备、器材状况及作业场所环境条件等进行检测，以发现事故隐患。

四、危险源辨识与治理

45. 什么是危险和有害因素？

危险因素是指能对人或物造成突发性伤害的因素。有害因素是指能影响人的身体健康、导致疾病，或对物造成慢性损害的因素。

《生产过程危险和有害因素分类与代码》（GB 13861—2022）将上述两种因素进行了合并，给出了"危险和有害因素"的定义：可对人造成伤亡、影响人的身体健康甚至导致疾病的因素。它主要指客观存在的能量或危险物质和有害物质等。

> **相关链接**
>
> 为了区别客体对人体不利作用的特点和效果，通常将其分为危险因素（强调突发性和瞬间作用）和有害因素（强调在一定时间范围内的积累作用），危险因素与有害因素的区别在于其致害的快慢程度。有时对两者不加以区分，统称危险和有害因素。客观存在的危险物质和有害物质或能量超过临界值的设备、设施和场所，都可能成为危险和有害因素。

46. 危险和有害因素是如何产生的？

危险和有害因素尽管表现形式不同，但从本质上讲，其能对人或物造成伤害的原因，均可归结为客观存在的能量或危险物质和有害物质失去控制，导致能量的意外释放或危险物质和有害物质的泄漏和扩散。因此，危险和有害因素产生的最主要原因是：

（1）存在能量或危险物质和有害物质；
（2）能量或危险物质和有害物质失控；
（3）管理上的缺陷；
（4）不利的环境因素。

相关链接

在生产中，人们通过工艺设备使能量、物质（包括危险物质和有害物质）按人们的意愿在系统中流动、转换。同时，又必须约束和控制这些能量和物质，消除、减少其产生不良后果的条件，使之不能发生危险和有害的后果。如果失控（没有控制、屏蔽措施或控制、屏蔽措施失效），就会造成能量或危险物质和有害物质的意外释放和泄漏，从而造成人员伤害和财产损失。所以失控也是一类危险和有害因素，它主要体现在设备故障（或缺陷）、人员失误和管理缺陷三个方面。

47. 危险和有害因素按导致事故的直接原因是如何分类的？

根据《生产过程危险和有害因素分类与代码》（GB 13861—2022）的规定，按导致事故的直接原因进行分类，可将生产过程中的危险和有害因素分为4大类，37小类。

（1）人的因素

1）心理、生理性危险和有害因素：①负荷超限。包括体力负荷超限、听力负荷超限、视力负荷超限、其他负荷超限。②健康状况异常。③从事禁忌作业。④心理异常。包括情绪异常、冒险心理、过度紧张、其他心理异常。⑤辨识功能缺陷。包括感知延迟、辨识错误、其他辨识功能缺陷。⑥其他心理、生理性危险和有害因素。

2）行为性危险和有害因素：①指挥错误。包括指挥失误、违章指挥、其他指挥错误。②操作错误。包括误操作、违章作业、其他操作错误。③监护失误。④其他行为性危险和有害因素。

（2）物的因素

1）物理性危险和有害因素：①设备、设施、工具、附件缺陷。包括强度不够，刚度不够，稳定性差，密封不良，耐腐蚀性差，应力集中，外形缺陷，外露运动件，操纵器缺陷，制动器缺陷，控制器缺陷，设计缺陷，传感器缺陷，设备、设施、工具、附件其他缺陷。②防护缺陷。包括无防护，防护装置、设施缺陷，防护不当，支撑（支护）不当，防护距离不够，其他防护缺陷。③电危害。包括带电部位裸露、漏电、静电和杂散电流、电火花、电弧、短路、其他电危害。④噪声。包括机械性噪声、电磁性噪声、流体动力性噪声、其他噪声。⑤振动危害。包括机械性振动、电磁性振动、流体动力性振动、其他振动危害。⑥电离辐射。⑦非电离辐射。包括紫外辐射、激光辐射、微波辐射、超高频辐射、高频电磁场、工频电场、其他非电离辐射。⑧运动物危害。包括抛射物、飞溅物、坠落物、反弹物、土、岩滑动、料堆（垛）滑动、气流卷动、撞击、其他运动物危害。⑨明火。⑩高温物质。包括高温气体、高温液体、高温固体、其他高温物质。⑪低温物质。包括低温气体、低温液体、低温固体、其他低温物质。⑫信号缺陷。包括无信号设施、信号选用不当、信号位置不当、信号不清、信号显示不准、其他信号缺陷。⑬标志标识缺陷。包括无标志标识、标志标识不清晰、标志标识不规范、标志标识选用不当、标志标识位置缺陷、标志标识设置顺序不规范、其他标志标识缺陷。⑭有害光照。⑮信息系统缺陷。包括数据传输缺陷、自供电装置电池寿命过短、防爆等级缺陷、等级保护缺陷、通信中断或延迟、数据采集缺陷、网络环境。⑯其他物理性危险和有害因素。

2）化学性危险和有害因素：①理化危险。包括爆炸物、易燃气体、易燃气溶胶、氧化性气体、压力下气体、易燃液体、易燃固体、自反应物质或混合物、自燃液体、自燃固体、自热物质和混合物、遇水放出易燃气体的物质或混合物、氧化性液体、氧化性固体、有机过氧化物、金属腐蚀物。②健康危险。包括急性毒性、皮肤腐蚀/刺激、严重眼损伤/眼刺激、呼吸或皮肤过敏、生殖细胞致突变性、致癌性、生殖毒性、特异性靶器官系统毒性——一次接触、特异性靶器官系统毒性——反复接触、吸入危险。③其他化学性危险和有害因素。

3）生物性危险和有害因素：①致病微生物。包括细菌、病毒、真菌、其他致病微生物。②传染病媒介物。③致害动物。④致害植物。⑤其他生物性危险和有害因素。

（3）环境因素

1）室内作业场所环境不良：①室内地面滑。②室内作业场所狭窄。③室内作业场所杂乱。④室内地面不平。⑤室内梯架缺陷。⑥地面、墙和天花板上的开口缺陷。⑦房屋基础下沉。⑧室内安全通道缺陷。⑨房屋安全出口缺陷。⑩采光照明不良。⑪作业场所空气不良。⑫室内温度、湿度、气压不适。⑬室内给、排水不良。⑭室内涌水。⑮其他室内作业场所环境不良。

2）室外作业场地环境不良：①恶劣气候与环境。②作业场地和交通设施湿滑。③作业场地狭窄。④作业场地杂乱。⑤作业场地不平。⑥交通环境不良。包括航道狭窄、有暗礁或险滩，其他道路、水路环境不良，道路急转陡坡、临水临崖。⑦脚手架、阶梯和活动梯架缺陷。⑧地面及地面开口缺陷。⑨建（构）筑物和其他结构缺陷。⑩门和周界设施缺陷。⑪作业场地地基下沉。⑫作业场地安全通道缺陷。⑬作业场地安全出口缺陷。⑭作业场地光照不良。⑮作业场地空气不良。⑯作业场地温度、湿度、气压不适。⑰作业场地涌水。⑱排水系统故障。⑲其他室外作业场地环境不良。

3）地下（含水下）作业环境不良：①隧道/矿井顶板或巷帮缺陷。②隧道/矿井作业面缺陷。③隧道/矿井底板缺陷。④地下作业面空气不良。⑤地下火。⑥冲击地压（岩爆）。⑦地下水。⑧水下作业供氧不当。⑨其他地下作业环境不良。

4）其他作业环境不良：①强迫体位。②综合性作业环境不良。③以上未包括的其他作业环境不良。

（4）管理因素

1）职业安全卫生管理机构设置和人员配备不健全。

2）职业安全卫生责任制不完善或未落实。

3）职业安全卫生管理制度不完善或未落实：①建设项目"三同时"制度。②安全风险分级管控。③事故隐患排查治理。④培训教育制度。⑤操作规程。⑥职业卫生管理制度。⑦其他职业安全卫生管理规章制度不健全。

4）职业安全卫生投入不足。

5）应急管理缺陷：①应急资源调查不充分。②应急能力、风险评估不全面。③事故应急预案缺陷。④应急预案培训不到位。⑤应急预案演练不规范。⑥应急演练评估不到位。⑦其他应急管理缺陷。

6）其他管理因素缺陷。

48. 危险和有害因素参照事故类别是如何分类的？

参照《企业职工伤亡事故分类》（GB 6441—1986），综合考虑起因物、引起事故的诱导性原因、致害物、伤害方式等，可将危险和有害因素引起的事故分为20类。

（1）物体打击

物体打击是指失控物体的惯性力造成的人身伤害事故。如落物、滚石等导致的砸伤或锤击等导致的碎裂、崩块等造成的伤害，不包括爆炸和主体机械设备、车辆、起重机械、坍塌等引发的物体打击。

（2）车辆伤害

车辆伤害是指机动车辆在行驶中引起的人体坠落和物体倒塌、下落、挤压造成的人身伤害事故。如机动车辆在行驶中的撞车或倾覆等事故，在车辆行驶中上下车、搭乘矿车或"放飞车"所引起的事故，以及"跑车"事故等。

（3）机械伤害

机械伤害是指机械设备与工具引起的绞、辗、碰、割、戳、切等伤害。如工件或刀具飞出伤人，切屑伤人，手或身体被卷入转动机构受伤，手或其他部位被刀具碰伤等。

（4）起重伤害

起重伤害是指从事起重作业时引起的机械伤害事故。但不包括触电，检修时制动失灵引起的伤害，以及进出驾驶室时引起的坠落式跌倒等。

（5）触电

触电是指电流流经人体，造成生理伤害的事故。包括触电和雷击伤害。如人体接触带电设备的金属外壳或裸露的临时线及漏电的手持电动工具，起重设备误触高压线或感应带电，雷击伤害，触电坠落等事故。

（6）淹溺

淹溺是指因大量水经鼻腔进入肺内，造成呼吸道阻塞，发生急性缺氧而窒息死亡的事故。多见于船舶、排筏在航行、停泊、作业时，或在水上、水下各种浮动或固定的设施上作业时发生的落水事故。

（7）灼烫

灼烫是指强酸、强碱溅到人体上引起的灼伤，或火焰引起的烧伤及高温物体引起的烫伤，也包括放射性皮肤损伤等伤害，但不包括电烧伤以及火灾事故引起的烧伤。

（8）火灾

火灾是指造成人身伤亡的企业火灾事故。不适用于非企业原因造成的火灾，如居民家中失火蔓延到企业引起的火灾。

（9）高处坠落

高处坠落是指人在站立工作面失去平衡，在重力作用下坠落引起的伤害事故。包括在脚手架、平台、陡壁等高于地面处作业发生的坠落,也包括地面作业踏空失足坠入洞、坑、沟、升降口、漏斗等情况。但不包括以其他类别为诱发条件的坠落,如高处作业时,因触电失足坠落属于触电事故,不能划分为高处坠落。

(10)坍塌

坍塌是指建(构)筑物、堆置物等倒塌以及土石塌方引起的事故。不包括矿山冒顶片帮事故,或因爆炸、爆破引起的坍塌事故。

(11)冒顶片帮

矿井工作面、巷道侧壁由于支护不当、压力过大造成的坍塌为片帮;顶板垮落为冒顶。二者常同时发生,简称为冒顶片帮，多发生于矿山、地下开采、掘进及其他坑道作业。

（12）透水

透水是指进行地下开采或其他坑道作业时，意外水源带来的伤亡事故。包括井巷与含水岩层、地下含水带、溶洞或与被淹巷道、地面水域相通时，大量涌水造成的事故，不包括地面水害事故。

（13）放炮

放炮是指施工时放炮作业造成的伤亡事故。包括各种爆破作业，如采石、采矿、采煤、开山、修路、拆除建筑物等工程进行的放炮作业引起的伤亡事故。

（14）瓦斯爆炸

瓦斯爆炸是指瓦斯、煤尘与空气混合形成的混合物达到燃烧极限，接触火源时，引起的化学性爆炸事故。多发生于煤矿等空气不流通，瓦斯、煤尘积聚的场合。

（15）火药爆炸

火药爆炸是指火药与炸药在生产、运输、储存的过程中发生的爆炸事故。包括火药与炸药在加工、配料、运输、储存、使用过程中，由于震动、明火、摩擦、静电作用，或因炸药的热分解作用，发生的化学性爆炸事故。

（16）锅炉爆炸

锅炉爆炸是指锅炉发生的物理性爆炸事故。包括使用工作压力大于 0.07 MPa、以水为介质的蒸汽锅炉发生的爆炸，但不包括铁路机车、船舶上的锅炉以及列车电站和船舶电站的锅炉发生的爆炸。

（17）容器爆炸

容器爆炸是指压力容器超压破裂引起的爆炸。容器爆炸大多为物理性爆炸，但也包括容器内盛装的液化气在容器破裂后迅速蒸发，与周围的空气混合形成爆炸性气体混合物，遇到火源时产生的化学爆炸,这种爆炸也称容器的二次爆炸。

(18)其他爆炸

其他爆炸是指不属于上述爆炸事故的其他爆炸事故,包括:

1)可燃气体如煤气、乙炔等与空气混合形成的爆炸。

2)可燃蒸气与空气混合形成的爆炸性气体混合物的爆炸,如汽油挥发引起的爆炸。

3)可燃粉尘以及可燃纤维与空气混合形成的爆炸性混合物引起的爆炸。

(19)中毒和窒息

中毒是指人接触有毒物质,如误吃有毒食物或吸入有毒气体引起的人体急性中毒事故。窒息是指在废弃的坑道、暗井、涵洞、地下管道等通风不良的地方工作,因为缺少氧气,发生突然晕倒甚至死亡的事故。两种现象统称为中毒和窒息事故。不包括病理变化导致的中毒和窒息的事故,以及慢性中毒导致的死亡。

(20)其他伤害

凡不属于上述伤害的事故均称为其他伤害。如扭伤、跌伤、冻伤、野兽咬伤、钉子扎伤等。

49. 危险和有害因素参照职业病危害因素是如何分类的?

根据职业病防治工作需要,2015年,国家卫生和计划生育委员会、国家安全生产监督管理总局、人力资源和社会保障部、中华全国总工会联合组织对《职业病危害因素分类目录》进行了修订。现行的《职业病危害因素分类目录》将职业病危害因素分为粉尘、化学因素、物理因素、放射性因素、生物因素和其他因素,其中粉尘包括矽尘(游离二氧化硅含量≥10%)、煤尘、石墨粉尘、炭黑粉尘等；化学因素包括部分金属及其化合物、砷化氢、氯气、二氧化硫、光气（碳酰氯）等；物理因素包括噪声、高温、高原低氧、振动、激光等；放射性因素包括密封放射源产生的电离辐射（主要产生 γ、中子等射线）、非密封放射性物质（可产生 α、β、γ 射线或中子）、X射线装置（含CT机）产生的电离辐射（X射线）等；生物因素包括艾滋病病毒（限于医疗卫生人员及人民警察）、布鲁氏菌、伯氏疏螺旋体等；其他因素包括金属烟、井下不良作业条件（限于井下工人）、刮研作业（限于手工刮研作业人员）。

> **知识学习**
>
> 按职业危害将危险和有害因素分类，可以看出，生产安全事故隐患并不是专指能够造成重大伤亡事故或者直接造成伤亡的危险和有害因素。排查与治理能够造成职业病或危害从业人员身体健康的危险和有害因素，也是生产安全事故隐患排查治理的重要工作内容之一。

50. 危险和有害因素的辨识方法有哪些？

（1）直观经验法

适用于有可供参考先例、有以往经验可以借鉴的危险和有害因素辨识过程，不能应用在没有先例的新系统中。直观经验法又可以分为对照经验法和类比法两种：

1）对照经验法。对照有关法律、法规、标准、检查表或依靠辨识人员的观察能力，借助于经验直观地分析评价对象的危险性和有害性的方法。对照经验法是辨识中常用的方法，其优点是简便、易行,其缺点是受辨识人员知识、经验和现有资料的限制,可能出现遗漏。为弥补个人经验的不足,常采取召开专家会议的方式来相互启发、交换意见、集思广益,使危险和有害因素的辨识更加细致、具体。

2)类比法。利用相同或相似系统或作业条件的经验和安全生产事故的统计资料来类推、分析评价对象的危险和有害因素。

(2)系统安全分析法

系统安全分析法应用系统安全工程评价方法进行危险和有害因素辨识。该方法常用于复杂系统和没有事故经验的新开发系统。常用的系统安全分析法有事件树分析、故障树分析、故障模式及影响分析等分析方法。

> **知识学习**
>
> 危险和有害因素辨识是事故预防、安全评价、生产安全事故隐患排查治理、重大危险源监督管理,以及应急救援体系建立的基础。许多系统安全评价方法都可用来进行危险和有害因素的辨识。危险和有害因素的辨识应根据对象的性质、特点和辨识人员的知识、经验和习惯来选用合适的方法。

51. 如何全面地进行危险和有害因素辨识?

在进行危险和有害因素的辨识时,要全面、有序地进行,防止出现漏项,应从以下几个方面进行。

(1)厂址

从厂址的地质、地形、周围环境、气象条件、交通条件、应急救援支持条件等方面进行分析、识别。

(2)总平面布置

从功能分区、防火间距和安全间距、风向、建(构)筑物朝向、存放危险和有害物质的设施、动力设施(氧气站、乙炔站、压缩空气站、锅炉房、液化石油气站等)、道路、储运设施等方面进行分析、识别。

(3)道路及运输

从运输、装卸、消防、疏散、人流、物流、平面交叉运输和竖向交叉运输等方面进行分析、识别。

(4)建(构)筑物

从建(构)筑物的火灾危险性分级、耐火等级、结构、层数、占地面积、防火间距、安全疏散等方面进行分析、识别。

(5)生产工艺过程

对新建、改建、扩建项目设计阶段危险和有害因素的识别;通过安全现状综合评价,针对行业和专业的特点及行业和专业的安全标准、规程进行分析、识别;根据典型的单元过程(单元操作)进行危险和有害因素的分析、识别。

(6)生产设备

对工艺设备、机械设备和电气设备进行危险和有害因素的分析、识别,同时要注意高处作业设备和特种作业设备的危险和有害因素的分析、识别。

(7)其他

主要包括作业环境和安全生产管理措施。

> **相关链接**
>
> 管理上的危险和有害因素辨识是指从安全生产管理组织机构、安全生产管理制度、应急救援预案、特种设备作业人员培训、日常安全生产管理等方面进行分析、识别。

52. 事故预防的基本要求有哪些？

事故预防应满足以下基本要求。
（1）预防生产过程中产生的危险和有害因素。
（2）排除工作场所的危险和有害因素。
（3）将危险和有害因素的强度或浓度降低到国家标准规定的范围内。
（4）预防安全装置失灵和操作失误产生的危险和有害因素。
（5）发生意外事故时，为遇险人员提供自救互救条件。

> **相关链接**
>
> 事故预防与控制措施，是生产安全事故隐患治理的重要内容之一，采取有效的危险和有害因素控制措施可以很好地预防事故的发生，降低事故损失。

53. 选择事故预防对策的基本原则有哪些？

按事故预防对策优先顺序的要求，设计时应遵循以下原则。
（1）消除

通过合理的设计和科学的管理，尽可能从根本上消除危险和有害因素，如采用无害工艺技术、生产中以无毒物质代替有毒物质、实现自动化作业、采用遥控技术等。

（2）预防

当消除危险和有害因素有困难时，可采取预防性技术措施，预防事故的发生，如使用安全阀、安全屏护、漏电保护装置、熔断器、防爆膜、事故排风装置等。

（3）减弱

在无法消除和难以预防危险和有害因素的情况下，可采取减轻危险和有害因素的措施，如安装局部通风排毒装置、避雷装置、静电消除装置、减振装置、消声装置，生产中以低毒物质代替高毒物质，采取降温措施等。

（4）隔离

在无法消除、预防、减弱危险和有害因素的情况下，应将人员与危险和有害因素隔开并将不能共存的物质分开，如装设安全罩、防护屏、隔离操作室，保持安全距离，配备劳动防护用品（如防毒服、防护面具）等。

（5）联锁

当操作失误或设备运行达到危险状态时，应通过联锁装置终止设备运行，防止事故发生。

（6）警告

在易发生故障和危险性较大的地方，配置明显的安全标志。必要时，设置声、光或声光组合报警装置。

> **相关链接**
>
> 事故预防对策不但应该具有针对性,也应该具有可操作性和经济合理性,即提出的对策在经济、技术、时间上应是可行的,是能够落实和实施的。

54. 控制和治理危险和有害因素的措施有哪些?

(1)实现机械化、自动化,减轻劳动强度,降低发生人身伤害的概率。

(2)设置安全装置,包括防护装置、保险装置、信号装置及危险警示牌和安全标志。

(3)增强机械强度,确保机械设备、装置及其主要部件具有必要的机械强度和安全系数。

(4)保证电气设备安全可靠,包括采取防触电、防电气火灾爆炸和防静电措施,进行电气设备的安全认证,设置备用电源等。

(5)按规定维护、保养和检修机器设备。

(6)保持工作场所合理布局。

(7)根据作业场所的危险和有害因素种类及作业类别配备具有相应防护功能的劳动防护用品。

55. 重大危险源控制系统的组成内容是什么?

控制重大危险源是生产经营单位安全管理的重点,控制重大危险源的目的,不仅仅是预防重大事故的发生,而且要做到一旦发生事故,能够将事故造成的危害控制在最低限度,或者说能够控制到人们可接受的程度。重大危险源总是涉及易燃、易爆、有毒等危险物品,并且在一定范围内使用、生产、加工、储存超过了临界数量的危险物品。由于工业生产的复杂性，特别是化工生产的复杂性，决定了有效地控制重大危险源需要采用系统工程的理论和方法。

（1）重大危险源定义

参照第80届国际劳工大会通过的《预防重大工业事故公约》和我国的有关法律法规及标准，危险源可定义为长期或临时地生产、加工、搬运、使用或储存危险物品，且危险物品的数量等于或超过临界量的单元。此处的单元是指一套生产装置、设施或某一场所，危险物质是指能导致火灾、爆炸或中毒、触电等危险的一种物质或若干种物质的混合物，临界量是指国家法律法规、标准规定的一种或一类特定危险物质的数量。

（2）危险源辨识

危险源辨识是发现、识别系统中危险源的工作。这是一项非常重要的工作，是危险源控制的基础，只有辨识危险源之后，才能有的放矢地考虑如何采取措施控制危险源。

（3）危险源分级

危险源的级别一般按危险源在触发因素作用下转化为事故的可能性与事故后果的严重程度划分。危险源分级实质上是对危险源的危险性进行评价。危险源的危险性评价包括对危险源自身危险性的评价和对危险源控制管理的评价。

从自身危险性角度，按事故出现可能性大小，危险源可分为非常容易发生、容易发生、较容易发生、不容易发生、难以发生、极难发生；根据危害程度，危险源可分为可忽略的、临界的、危险的、破坏性的。危险源也可按单项指标来划分等级，例如，高处作业可根据作业高度将高处坠落事故危险源划分为4级，一级为 $2 \sim 5\,m$（含 $5\,m$），二级为 $5 \sim 15\,m$（含 $15\,m$），三级为 $15 \sim 30\,m$（含 $30\,m$），四级为 $30\,m$ 以上（不含 $30\,m$）；压力容器可根据设计压力划分为低压容器、中压容器、高压容器、超高压容器4级。从控制管理角度，通常根据危险源的潜在危险性大小、控制难易程度、事故可能造成损失情况进行综合分级。

一级2~5 m　　二级5~15 m　　三级15~30 m　　四级30 m以上

系统中危险源的存在是绝对的，任何工业生产系统中都存在若干危险源。受实际的人力、物力等因素的限制，不可能完全消除或控制所有的危险源，只能集中有限的人力、物力资源消除及控制危险性较大的危险源。在危险源分级的基础上，将危险源按其危险性的大小排序，可以为确定控制措施的先后顺序提供依据。

（4）危险源控制

可从三方面进行危险源控制，即技术控制、人行为控制和管理控制。

1）技术控制。即采用技术手段对固有危险源进行控制，主要技术手段有消除、控制、防护、隔离、监控、保留、转移等。

2）人行为控制。即控制人为失误，减少人的不安全行为对危险源的触发作用。人为失误的主要表现形式有操作失误、指挥错误、不正确或不及时的判断、粗心大意、厌烦、懒散、疲劳、紧张、疾病或生理缺陷、错误使用防护用品和防护装置等。人行为控制应从加强教育培训入手，先做到人的安全化，然后做到操作安全化。

3）管理控制。可采取建立健全危险源管理的规章制度；明确责任，定期检查；加强危险源的日常管理；抓好信息反馈，及时整改隐患；搞好危险源控制管理的基础建设工作；搞好危险源控制管理的考核评价和奖惩等方法。

相关链接

生产经营单位应对本单位的安全生产工作负主要责任。在对重大危险源进行辨识和评价后，应针对每一个重大危险源制定出一套严格的安全管理制度，通过技术措施（包括化学原料的选择，设施的设计、建造、运转、维修以及有计划的检查）和组织措施（包括对人员的培训与指导，提供保证其安全的劳动防护用品，对作业人员工作时间、职责的确定，以及对外部合同工和现场临时工的管理），对重大危险源进行严格控制和管理。此外，生产经营单位还应建立危险源报告制度，在规定的期限内，对已辨识和评价的重大危险源向政府主管部门提交安全报告。如新建的设施有重大危险源，则应在其初步设计审查之前提交安全报告。安全报告应详细说明重大危险源的情况，可能引发的事故类型以及前提条件，安全装置失效的控制措施，事故发生的可能性及后果，限制事故后果的措施，应急救援预案等。安全报告应根据重大危险源的变化以及新技术发展的情况进行修改和增补，并由政府主管部门定期进行检查和评审。

56. 我国关于重大危险源管理的法律法规有哪些要求?

《危险化学品安全管理条例》第七条规定,负有危险化学品安全监督管理职责的部门依法进行监督检查,可以采取下列措施:

(1)进入危险化学品作业场所实施现场检查,向有关单位和人员了解情况,查阅、复制有关文件、资料。

(2)发现危险化学品事故隐患,责令立即消除或者限期消除。

(3)对不符合法律、行政法规、规章规定或者国家标准、行业标准要求的设施、设备、装置、器材、运输工具,责令立即停止使用。

(4)经本部门主要负责人批准,查封违法生产、储存、使用、经营危险化学品的场所,扣押违法生产、储存、使用、经营、运输的危险化学品以及用于违法生产、使用、运输危险化学品的原材料、设备、运输工具。

(5)发现影响危险化学品安全的违法行为,当场予以纠正或者责令限期改正。

负有危险化学品安全监督管理职责的部门依法进行监督检查,监督检查人员不得少于2人,并应当出示执法证件;有关单位和个人对依法进行的监督检查应当予以配合,不得拒绝、阻碍。

《危险化学品安全管理条例》第二十三条规定,生产、储存剧毒化学品或者国务院公安部门规定的可用于制造爆炸物品的危险化学品(以下简称易制爆危险化学品)的单位,应当如实记录其生产、储存的剧毒化学品、易制爆危险化学品的数量、流向,并采取必要的安全防范措施,防止剧毒化学品、易制爆危险化学品丢失或者被盗；发现剧毒化学品、易制爆危险化学品丢失或者被盗的，应当立即向当地公安机关报告。

生产、储存剧毒化学品、易制爆危险化学品的单位，应当设置治安保卫机构，配备专职治安保卫人员。

《危险化学品安全管理条例》第二十五条规定，储存危险化学品的单位应当建立危险化学品出入库核查、登记制度。

对剧毒化学品以及储存数量构成重大危险源的其他危险化学品，储存单位应当将其储存数量、储存地点以及管理人员的情况，报所在地县级人民政府应急管理部门（在港区内储存的，报港口行政管理部门）和公安机关备案。

《安全生产法》第四十条规定，生产经营单位对重大危险源应当登记建档，进行定期检测、评估、监控，并制定应急预案，告知从业人员和相关人员在紧急情况下应当采取的应急措施。生产经营单位应当按照国家有关规定将本单位重大危险源及有关安全措施、应急措施报有关地方人民政府应急管理部门和有关部门备案。

《国务院关于进一步加强安全生产工作的决定》指出，要搞好重大危险源的普查登记，加强国家、省（区、市）、市（地）、县（市）四级重大危险源监控工作，建立应急救援预案和生产安全预警机制。

57. 什么是事故预警机制？

事故预警机制是指在事故发生前的一段时间内，通过科学技术手段和管理方法，预测和预警可能发生的各类事故，并及时向有关部门和社会公众发布预警信息，以便采取预防措施，减少事故的发生，或者减少或避免人员伤亡、财产损失和环境破坏。事故预警机制的建立可以提高生产经营单位的安全风险管控水平，提升单位的社会形象和市场竞争力。

58. 构建事故预警机制需要遵循的原则是什么？

构建事故预警机制需要遵循及时性、全面性、高效性和引导性的原则，以确保预警机制有效且实用。

（1）及时性

事故预警机制应能够及时发现和识别潜在的事故风险，并及时向有关部门和社会公众发布预警信息，以便采取预防措施。

（2）全面性

事故预警机制应全面覆盖可能发生的事故类型和危险源，确保不遗漏任何潜在的事故隐患。

（3）高效性

事故预警机制应采用高效的科学技术手段和管理方法，提高预警的准确性和效率。

（4）引导性

事故预警机制应能够引导生产经营单位和相关从业人员采取正确的预防措施，减少事故的发生或事故造成的损失。

59. 如何确定事故预警指标？

确定事故预警指标是构建事故预警机制的关键环节之一。以下是确定事故预警指标的一般步骤。

（1）分析以往事故数据

通过对以往事故数据的分析，可以了解事故发生的频率、类型、原因、后果等信息，从而为确定预警指标提供依据。

（2）辨识潜在危险源

通过对生产经营活动中存在的潜在危险源进行辨识，可以确定可能引发事故的危险因素，进而制定相应的预警指标。

（3）制定预警指标

根据以往事故数据和潜在危险源的辨识结果，制定相应的预警指标。预警指标可以包括定量指标和定性指标，如事故发生率、事故隐患数量、员工安全意识等。

（4）确定预警阈值

针对每个预警指标，确定相应的预警阈值。预警阈值是指在达到该指标时触发预警的界限值，需要根据实际情况和以往数据进行确定。

（5）定期评估和调整

预警指标和预警阈值需要定期进行评估和调整，以适应生产经营活动和风险环境的变化。

五、事故应急救援预案

60. 什么是事故应急救援预案?

事故应急救援预案也称应急预案,是指面对突发事件如自然灾害、事故灾难、公共卫生事件及社会安全事件的应急管理、指挥、救援等计划。应急预案一般应建立在综合防灾规划基础上。从文体角度看,应急预案是应用写作学科研究的重要文体之一。

应急预案的重要子系统包括:完善的应急组织管理指挥系统;强有力的应急工程救援保障体系;综合协调、应对自如的相互支持系统;充分备灾的保障供应体系;体现综合救援的应急队伍等。

> **法律提示**
>
> 《生产安全事故应急条例》第六条规定,生产安全事故应急救援预案应当符合有关法律、法规、规章和标准的规定,具有科学性、针对性和可操作性,明确规定应急组织体系、职责分工以及应急救援程序和措施。
>
> 有下列情形之一的,生产安全事故应急救援预案制定单位应当及时修订相关预案:
>
> (1)制定预案所依据的法律、法规、规章、标准发生重大变化。
>
> (2)应急指挥机构及其职责发生调整。
>
> (3)安全生产面临的风险发生重大变化。
>
> (4)重要应急资源发生重大变化。

（5）在预案演练或者应急救援中发现需要修订预案的重大问题。

（6）其他应当修订的情形。

61. 事故应急救援的基本任务是什么？

事故应急救援是指通过事前计划和应急措施，在事故发生时采取的消除、减少事故危害和防止事故恶化，最大限度降低事故损失的措施。生产过程中一旦发生事故，往往造成惨重的人员伤亡、财产损失和环境破坏。由于自然或人为、技术等原因，当事故或灾害不可避免的时候，建立事故应急救援体系，采取及时、有效的应急救援行动，就成为抵御事故风险或控制灾害蔓延、降低危害后果的关键甚至是唯一手段。生产经营单位的应急救援具体任务如下。

（1）立即组织应急救援

组织本单位的应急救援队伍和作业人员，迅速对受害人员进行救援，并疏散和撤离受威胁人员，确保受自然灾害、事故灾难或公共卫生事件影响的人员安全撤离。

（2）控制危险源

采取必要措施控制事故的危险源，并明确标示危险区域。为防止危害扩大，应封锁事故现场。

（3）及时报告

向所在地县级人民政府报告事故情况。积极采取应急处置措施，服从并配合人民政府发布的决定和命令，参与应急救援和处置工作。

（4）配合后续处理

配合相关部门查清事故原因，评估危害程度。

> **法律提示**
>
> 《中华人民共和国突发事件应对法》(以下简称《突发事件应对法》)第五十六条规定,受到自然灾害危害或者发生事故灾难、公共卫生事件的单位,应当立即组织本单位应急救援队伍和工作人员营救受害人员,疏散、撤离、安置受到威胁的人员,控制危险源,标明危险区域,封锁危险场所,并采取其他防止危害扩大的必要措施,同时向所在地县级人民政府报告;对因本单位的问题引发的或者主体是本单位人员的社会安全事件,有关单位应当按照规定上报情况,并迅速派出负责人赶赴现场开展劝解、疏导工作。
>
> 突发事件发生地的其他单位应当服从人民政府发布的决定、命令,配合人民政府采取的应急处置措施,做好本单位的应急救援工作,并积极组织人员参加所在地的应急救援和处置工作。

62. 关于应急救援的法律法规有哪些?

为保障人民生命财产安全,维护社会稳定和发展,我国政府相继颁布了一系列应急救援相关法律法规,如《突发事件应对法》《安全生产法》《危险化学品安全管理条例》《特种设备安全监察条例》《关于特大安全事故行政责任追究的规定》等,对危险化学品、特种设备等方面的应急救援工作提出了相应的规定和要求。

2006年1月8日,国务院发布了《国家突发公共事件总体应急预案》,明确了各类突发公共事件分级分类和预案框架体系,规定了应对特别重大突发公共事件的组织体系、工作机制等内容，是指导各类突发公共事件预防和处置工作的规范性文件。

2007年8月30日，第十届全国人民代表大会常务委员会第二十九次会议通过了《突发事件应对法》，明确规定了突发事件的预防与应急准备、监测与预警、应急处置与救援、事后恢复与重建等活动中，政府、单位及个人的权利与义务。

2021年6月10日，第十三届全国人民代表大会常务委员会第二十九次会议通过了《关于修订〈中华人民共和国安全生产法〉的决议》，对《安全生产法》进行了第三次修正，明确了生产经营单位在应急救援时的权利和义务，强化和落实了生产经营单位应急救援的主体责任与政府的监管责任。

法律提示

《安全生产法》第二十一条规定，生产经营单位的主要负责人有组织制定并实施本单位的生产安全事故应急救援预案的职责。

《安全生产法》第八十条规定，县级以上地方各级人民政府应当组织有关部门制定本行政区域内生产安全事故应急救援预案，建立应急救援体系。

63. 事故应急救援体系的基本构成有哪几个方面？

事故应急救援体系是一个复杂的系统工程，需要各方面共同努力，不断完善和提升体系的科学性和有效性，其基本构成如下。

（1）组织体系

组织体系是应急救援的基础，包括管理机构、功能部门、应急指挥机构和救援队伍等。

（2）运行机制

运行机制是应急救援的重要保障，包括四个机制和四个阶段，四个机制为统一指挥、分级响应、属地为主和公众动员；四个阶段为应急准备、初级反应、扩大应急和应急恢复。

（3）法律法规体系

法律法规体系是应急救援的制度保障，包括与应急救援相关的法律、法规、规章和规范性文件等。

（4）支持保障系统

支持保障系统是应急救援的资源保障，包括应急通信系统、物资储备系统、人力资源保障系统和财务保障系统等。

64. 应急预案中应该确定的指挥机构的职责有哪些？

应急预案中应该确定的指挥机构职责主要包括以下九个方面。

(1)事故指挥与协调

指挥机构的首要职责是负责全面指挥和协调应急响应工作。在事故发生时,指挥机构负责迅速启动应急预案,组织和指导应急救援工作,确保各相关单位协同作战,高效应对事故。

(2)信息收集和分析

指挥机构需要建立高效的信息收集系统,收集与事故相关的实时信息。通过对信息的全面分析,指挥机构能够迅速了解事故的性质、规模和影响,为制定应对策略提供准确的数据支持。

(3)资源调度与管理

指挥机构负责对各类资源(包括人员、设备、物资)进行调度和管理,确保在紧急情况下所有资源都能得到最有效的利用。通过合理分配和调度资源,满足应急响应过程中的不同需求。

(4)决策制定与执行

在事故应急响应中,指挥机构需要制定明晰的决策方案,并迅速执行,包括对紧急状况的即时决策、指导救援工作的具体行动以及调整应急预案的相关步骤。指挥机构的决策制定和执行能力直接影响应急救援工作的效果。

(5)沟通协调

指挥机构需要建立和维护高效的沟通渠道。这要求内部人员、外部救援组织以及政府机构之间能够及时、准确地传递信息。有效的沟通有助于协调各方资源,提高应急响应效率。

(6)风险评估和应对策略

指挥机构负责对事故现场的风险进行实时评估,识别可能出现的问题和挑战。基于风险评估结果,指挥机构需要制定相应的应对策略,确保应急救援措施的科学性和有效性。

（7）公共关系与信息发布

事故发生后，指挥机构需要积极处理媒体、公众和其他利益相关方的关系。负责发布准确、透明的信息，解释事故应对措施，并保持与公众的有效沟通，以维护社会稳定和公共安全。

（8）培训和演练

指挥机构需要定期组织培训和演练，确保相关人员熟悉应急预案，并提高其应急响应水平。通过模拟演练，指挥机构能够发现预案中存在的问题并及时进行修订，提高实战应对能力。

（9）总结与改进

在应急处置结束后，指挥机构需要对应急响应过程进行总结。通过对整个应急过程的评估，指挥机构可以发现存在的不足之处，提出改进建议，以不断完善应急预案和提高应急响应水平。

65. 应急预案一般包括哪几级文件？

完整的应急预案应该包括以下四级文件。

（1）一级文件——预案

预案包含了对紧急情况的管理政策、应急处置的目标、应急组织和责任等内容。

（2）二级文件——程序

程序主要用于说明某个行动的目的和范围。程序的内容十分具体，例如该做什么、由谁去做、什么时间做和在什么地点做等；其目的是为应急行动提供指南。程序的格式应简洁明了，以确保应急救援人员在执行时不会产生误解。程序的表现形式可以是文字叙述、流程图表或是两者的组合等，应根据每个应急组织的具体情况选用最适合本组织的形式。

（3）三级文件——指导书

指导书主要用于对程序中的特定任务及某些行动细节进行

说明，供应急组织内部人员或其他个人使用。

（4）四级文件——记录

记录包括应急行动期间的通信记录，以及每一步应急行动的具体内容的记录等。

> **相关链接**
>
> 一个完善的应急预案按相应的内容可分为六个一级关键要素：方针与原则、应急策划、应急准备、应急响应、现场恢复、预案管理与评审改进。根据一级要素中所包括的任务和功能，应急策划、应急准备和应急响应三个要素可进一步划分成若干个二级小要素。所有这些要素即构成了应急预案的核心要素。

66. 应急预案的编制程序是什么？

应急预案的编制应包括以下六个过程。

（1）确立应急组织机构

应急组织机构是应急预案的核心内容，包括各个部门的职责和协作方式；指挥机构的构成、指挥职责和指挥流程等；应急救援队的组成、岗位分工和救援流程等；应急后勤保障组的人员构成、具体职责和协作方式等；应急信息中心的建立、信息的收集和发布等。

（2）资料收集

收集应急预案编制所需的各种材料，包括事故发生的可能性；相关法律法规；事故危害程度；各类人员、物品的详细情况及其分布；相关部门的应急处置经验；现有的应急设施和资源的情况。

（3）危险源与风险分析

在危险因素分析及事故隐患排查治理的基础上，确定本单位的危险源、可能发生事故的类型和后果，进行事故风险分析并指出事故可能产生的次生、衍生事故，形成分析报告，分析结果作为应急预案的编制依据。

（4）应急能力评估

应急能力评估是组织为了更好地应对紧急情况而进行的系统性评估活动。其目的是检查组织的应急准备程度，发现潜在的风险和问题，并提供改进和加强的建议。

（5）应急预案编制

编制过程中，应注重全体人员的参与和培训，使所有与事故有关人员均掌握危险源的危险性、应急处置方案和技能。应急预案应充分利用社会应急资源，与地方政府预案、上级主管单位以及相关部门的预案相衔接。

（6）应急预案的评审与发布

内部评审由本单位主要负责人组织有关部门和人员进行。外部评审由上级主管部门或地方政府负有安全生产监督管理职责的部门组织审查。评审后，按规定报有关部门备案，并经生产经营单位主要负责人签署发布。

> **相关链接**
>
> 2006年9月20日，国家安全生产监督管理总局颁布了《生产经营单位安全生产事故应急预案编制导则》（AQ/T 9002—2006），并于2006年11月1日起实施。该导则明确了应急预案应包含的内容和编制要求，为应急预案的规范化建设提供了依据。

67. 应急响应的功能和任务有哪些？

应急响应是出现紧急情况时的行动，包括应急救援过程中一系列需要明确并实施的核心应急功能和任务，这些核心功能和任务具有一定的独立性，但相互之间又密切联系，构成了应急响应的有机整体。应急响应的核心功能和任务如下。

（1）接警与通知

及时发现和识别灾害事件，向相关机构、人员和公众发出警报，建立有效的警报系统，确保信息传递的及时性和准确性。

（2）应急指挥与协调

建立应急指挥中心，确保在紧急情况下有一个有效的指挥和协调机制，协调各相关部门、机构和组织的行动，确保资源合理调配。

（3）事态监测与评估

建立情报收集体系，收集、整理和评估与灾害有关的信息，包括灾害类型、影响范围、人员伤亡等,并进行灾情评估,为决策提供准确的信息支持。

(4)人群疏散与安置

制定疏散和安置方案,有序疏散受威胁区域的人员,提供安全的临时避难所,并确保避难所的正常运作。

(5)医疗与卫生

组织救援队伍,快速响应,确保迅速抵达事发地点,实施紧急救援行动,并提供急救和医疗服务。

(6)公共关系

设立信息发布机制,提供准确、及时、透明的信息,包括定期向公众通报灾情、救援进展等,平息公众恐慌,引导公众采取适当行动。

(7)物资调配和供应

建立物资储备系统,调配必要的物资,包括食品、水、医疗用品等。确保物资能够迅速送达灾区,满足受灾人员基本需求。

(8)评估和学习

对应急响应过程进行事后评估,总结成功经验和存在的问题,为改进应急预案提供依据,以不断完善应急预案和应对措施。

> **相关链接**
>
> 为了给应急准备、应急响应和应急救援工作提供决策和指导依据,应该进行危险源的危险性分析,包括危险源识别、脆弱性分析和风险分析。分析的结果应该能够提供以下资料:
>
> (1)地理、人文(包括人口分布)、地质、气象等信息。
>
> (2)城市功能布局(包括重要保护目标)及交通情况。

（3）重大危险源分布情况及主要危险物质种类、数量及理化特性等。

（4）可能发生的重大事故种类及对周边影响的分析。

（5）特定的时段（例如人群高峰时间、节假日、大型活动）。

（6）可能影响应急救援的不利因素。

68. 应急预案有哪几种演练形式？

应急预案演练是为了验证和提高应急响应能力而进行的一系列实际演练活动。这些演练形式可以根据具体的目的和情境而有所不同，主要可分为桌面演练、功能演练以及全面演练。

（1）桌面演练

桌面演练是指由应急组织的代表或关键岗位人员参加的，按照应急预案及其标准工作程序，讨论紧急情况时应采取的行动的演练活动。桌面演练的特点是对演练情境进行口头演练，一般在会议室内举行。

（2）功能演练

功能演练是指针对某项应急响应功能或其中某些应急响应行动举行的演练活动。例如，指挥和控制功能的演练，可以检测、评价多个政府部门在紧急状态下实现统一指挥的运行和响应能力。演练地点主要集中在应急指挥中心或现场指挥部，并开展有限的现场活动，调用有限的外部资源。

（3）全面演练

全面演练是指针对应急预案中全部或大部分应急响应功能，检验、评价应急组织应急响应能力的演练活动。全面演练一般持续几小时，采取交互式的方法进行。演练过程要求尽量真实，调用一定数量的应急人员和资源,并开展人员、设备及其他资源的实战性演练,以检验其相互协调的能力。

相关链接

应急演练目的是通过培训、评估、改进等手段提高保护人民群众生命财产安全和环境安全的综合应急能力,检验应急预案的各部分或整体是否能有效地实施,验证应急预案在实践中可能出现的各种紧急情况的适应性,找出应急准备工作中可能需要改善的地方,确保建立和保持可靠的通信渠道及应急人员的协同性,确保应急组织的所有组成部分都熟悉并能够履行他们的职责,找出需要改善的潜在问题。

知识学习

应急演练是我国各类事故及灾害应对过程中的一项重要工作,多部法律、法规及规章对此都有相应的规定,如《中华人民共和国消防法》《危险化学品安全管理条例》《中华人民共和国矿山安全法实施条例》《使用有毒物品作业场所劳动保护条例》《核电厂核事故应急管理条例》《突发公共卫生事件应急条例》等,规定了有关生产经营单位和行政部门应针对火灾、化学事故、矿山灾害、职业中毒事故或突发性公共卫生事件定期开展应急演练。

69. 应急演练的主要目标是什么?

应急演练是由多个部门、机构共同参与的一系列行为和活动,

五、事故应急救援预案

按照应急演练的各个阶段,可将演练前后应予完成的行为和活动分解并整理成多项单独的基本任务,如确定演练目标和演练范围、编写演练方案、确定演练现场规则、确定评价人员、安排后勤工作、记录应急演练表现、编写书面评价报告和演练总结报告、评价和报告不足及补救措施、追踪整改与纠正等。这些任务的完成情况直接反映了演练目标的达成情况,应急演练的主要目标如下。

(1)验证应急预案的有效性

演练是检验应急预案是否切实可行和有效的关键手段。通过模拟紧急情况,能够评估应急预案在实践中的适用性,发现并解决潜在问题。

(2)提高应急响应技能

演练能够让应急组织的各部门、机构在模拟的压力情境下进行实际操作,从而提高他们的技能水平,包括团队协作、沟通、领导和执行任务的能力。

(3)检验资源调配和协调机制

应急演练有助于测试资源调配和协调机制。通过实际的操作,组织可以评估资源的合理利用程度,检查通信和协调流程是否畅通。

(4)加强组织的整体应对能力

开展全面演练不仅可以对个别任务或流程进行测试,还可以对整体应急响应系统进行考验,有助于确保组织在面对各种紧急情况时能够全面、协调地应对。

(5)提高危机意识

通过演练,应急组织的各部门、机构能够更加深刻地理解和感受发生事故时的紧迫性,从而提高他们的危机意识和响应速度。

(6)促进不同部门、机构之间的协作

演练能够促进不同部门、机构之间的协同合作。在跨部门、跨机构的演练中,各方可以更好地了解对方的职责和能力,提高协作的能力。

(7)识别和改进问题

演练过程中发现的问题是改进应急预案和流程的宝贵信息。应急组织应当在演练后进行全面的反馈和评估,及时纠正存在的不足。

(8)提高社会的信心

定期进行演练有助于向公众和媒体展示应急组织对紧急情况的准备和响应能力,提高社会对组织的信心。

相关链接

为充分发挥应急演练在检验和评价应急能力方面的重要作用,演练策划人员、参演人员应注意如下演练实施要点:早期通报、指挥与控制、通信、警报与紧急公告、公共信息与社区关系、资源管理、卫生与医疗服务、人员安全、公众保护措施、执法、事态评估、人道主义服务、市政工程。

70. 对应急演练的结果如何处理?

应急演练结束后应对演练的效果作出评价,并提交演练报告,详细说明演练过程中发现的问题。按照对应急救援工作及时性、有效性的影响程度,将演练过程中发现的问题作出如下定义和处理。

(1)不足项

不足项是指演练过程中观察或识别出的,可能在紧急事件发生时,导致应急组织或应急救援体系没有能力及时采取合理应对措施的应急准备缺陷。不足项应在规定的时间内予以纠正。

(2)整改项

整改项是指演练过程中观察或识别出的,可能在应急救援中对公众的安全与健康造成不良影响的应急准备缺陷。整改项应在下次演练前予以纠正。

(3)改进项

改进项是指应急准备过程中应予改善的问题。改进项不同于不足项和整改项,它不会对人员安全与健康产生严重的影响,可视情况予以改进,不必一定要求予以纠正。

相关链接

演练结束后,进行总结与评估是全面评价演练是否达到演练目标、应急准备水平及是否需要改进的一个重要步骤,也是演练人员进行自我评价的机会。演练总结与评估可以通过访谈、汇报、协商、自我评价、公开会议和通报等形式完成。演练总结与评估应包括如下内容:演练背景,参与演练的部门和单位,演练方案和演练目标，演练过程的全面评价，演练过程中发现的问题和整改措施，对应急预案和有关程序的改进建议，对应急设备、设施维护与更新的建议，对应急组织、应急响应人员能力的评价和培训的建议。

六、隐患排查治理规章制度

71. 隐患排查治理的对象和范围是什么？

2007年5月12日，国务院办公厅印发了《国务院办公厅关于在重点行业和领域开展安全生产隐患排查治理专项行动的通知》，决定在全国重点行业和领域开展隐患排查治理专项行动。隐患排查治理的对象和范围为高危行业等重点行业和领域的各类生产经营单位，主要包括：煤矿、金属非金属矿山、石油、化工、烟花爆竹、冶金、有色、建筑施工、民爆器材、电力等工矿企业；道路交通、水运、铁路、民航等交通运输企业；渔业、农机、水利等单位；人员密集场所；其他行业和领域近年来发生重特大事故的单位。同时，通过隐患排查治理，进一步检查地方各级人民政府的安全监督管理责任落实情况和打击非法建设、生产和经营的情况。

隐患排查治理旨在全面排查安全生产领域存在的各类潜在事故隐患，并对发现的问题进行整改和治理。隐患排查治理通常由负有安全生产监督管理职责的部门和有关部门牵头，相关生产经营单位应积极配合和支持，确保事故隐患的有效排查和整改。隐患排查治理能够提高生产经营单位的安全意识，加强安全管理，降低事故风险，保障人民生命财产安全。

72. 隐患排查治理有什么重要意义？

隐患排查治理工作是安全生产标准化建设的基础，贯穿于安全生产标准化建设的全过程，建立隐患排查治理体系为安全生产标准化建设提供了坚实的基础保障。隐患排查治理是生产经营单位安全管理工作中非常重要的一环。对生产现场的危险源、作业过程中存在的不安全因素及作业人员的不安全行为，进行及时检查、防范和整治，可以有效防止事故的发生。否则，隐患就很有可能发展成事故，轻则造成被迫停产，重则造成设备损坏甚至是人身伤害。隐患排查治理工作的目的是发现和消除事故隐患、落实安全措施、预防事故发生。隐患排查治理是风险分级管控的前提和保障，是实现安全管理的基础。如果没有对隐患进行排查和治理，就无法准确地对风险进行评估和分级，也无法制定科学有效的管控措施。在安全生产管理中，隐患排查治理占有非常重要的地位。只有做好隐患排查治理工作，消除事故隐患，把可能发生事故的各种因素消灭在萌芽状态，才能做到防患于未然。隐患排查治理的实际意义如下。

（1）隐患排查治理是加强安全生产工作、维护人民生命财产安全的重要前提。通过排查事故隐患，及时发现生产中存在的安全问题，并积极采取措施进行治理，避免事故发生，最大限度地保证人民群众的安全。

（2）加强隐患排查治理工作，能够有效提高环境安全性，改善生产经营单位的形象和社会认可度，促进生产经营单位可持续发展。

（3）隐患排查治理的开展需要结合实际制定和实施完善、有效的治理方案，这就要求生产经营单位不断提高自身管理水平，从而可以促进生产经营单位的长远发展。

（4）隐患排查治理过程中需要强化管理、监管制度，这就要求生产经营单位不断加强自身制度建设，从而可以提高生产经营单位的经济效益。

73. 建立隐患排查治理的长效运行机制应从哪些方面入手？

隐患排查治理是保障安全生产的重要措施之一，建立隐患

六、隐患排查治理规章制度

排查治理的长效运行机制对于生产经营单位的可持续发展以及社会的稳定具有重要意义。因此,生产经营单位、从业人员、监管部门、新闻媒体可以从不同的角度出发,为建立隐患排查治理长效机制作出自己的贡献。

(1)生产经营单位必须突出隐患排查治理的主体责任

人命关天,安全生产这根弦任何时候都要绷紧。要严格执行安全生产法律法规,全面落实安全生产责任制,坚决遏制重特大安全事故发生。隐患排查治理常态化、规范化、法治化,建立健全安全生产长效机制,是生产经营单位责无旁贷的头等大事,生产经营单位要建立健全安全生产责任制,主要负责人必须树立"红线"和"底线"意识,有敬畏生命的理念;树立"隐患就是事故"的观念,开展安全文化建设,营造良好的安全生产氛围。

（2）从业人员要转变思想观念，积极参与隐患排查治理

从业人员是安全生产最直接的主体，其自身安全意识起着至关重要的作用。思想指导行动，思想决定态度，态度决定成败。安全和事故都是一种积累，是量变和质变的关系，从业人员必须牢固树立"安全至上"的思想理念，并且做到时间上时时刻刻想着安全、空间上处处保持和创造安全、行动上事事坚持安全。生产经营单位要用各种方式促使从业人员提高安全意识，引进奖惩机制，对安全生产有贡献的从业人员要给予物质奖励和荣誉，形成重安全有奖，轻安全受罚的良性氛围，形成领导重视，全员参与的良好局面。

（3）监管部门要改进安全监管方法和工作思路

隐患排查治理机制的长效运行是安全生产的推进剂，监管部门要从以下几个方面推进工作：督促生产经营单位制定隐患排查治理方案；建立绩效考核和责任追究制度；将隐患排查治理工作与日常安全监管、"打非治违"、专项整治、安全生产标准化建设等工作有机结合起来；创建典型示范，积累经验，全面推广；动员全部力量参与，引导舆论宣传。

（4）新闻媒体参与安全监督，助力隐患排查治理

利用电视、报纸、杂志和网络等大众传媒，对出现的违反安全生产法律法规的行为进行揭露和批评，借助舆论压力使相关单位及时纠正和解决自身存在的问题。新闻媒体的舆论监督对完善生产经营单位的社会责任有积极作用，充分发挥新闻媒体对安全生产工作的监督作用，使其主动参与到安全检查中，对自身和监管部门排查出的隐患进行曝光，让全社会参与监督。新闻媒体凝聚的社会力量可以有力地督促相关单位及时治理隐患，是隐患排查治理机制长效运行的助推器。

74. 生产经营单位的事故隐患包括哪些?

生产经营单位的事故隐患可划分为基础管理类隐患和现场管理类隐患两个大类。

(1) 基础管理类隐患

基础管理类隐患主要是指生产经营单位资质证照、安全生产管理机构及人员、安全生产责任制、安全生产管理制度、安全操作规程、教育培训、安全生产管理档案、安全生产投入、应急救援、特种设备基础管理、职业卫生基础管理、相关方基础管理,以及其他基础管理方面存在的缺陷。例如,生产经营单位资质证照类隐患主要是指生产经营单位在安全生产许可证、消防验收报告、安全评价报告等方面存在的不符合法律法规要求的问题和缺陷;教育培训类隐患是指生产经营单位未开展安全生产教育培训或是培训时间、培训内容不达标。

(2) 现场管理类隐患

现场管理类隐患主要是指特种设备现场管理、生产设备设施、工作场所环境、从业人员操作行为、消防安全、用电安全、职业卫生现场安全、有限空间现场安全、辅助动力系统、相关方现场管理,以及其他现场管理方面存在的缺陷。例如,从业人员操作行为类隐患主要包括"三违"行为(从业人员违章作业、违反劳动纪律,以及安全生产管理人员违章指挥)和劳动防护用品佩戴不正确等问题;有限空间现场安全类隐患主要包括有限空间作业审批、危害告知、先检测后作业、危害评估、现场监督管理、通风、劳动防护用品、应急救援装备、临时作业管理等方面存在的问题和缺陷。

75. 生产经营单位应该如何编制隐患排查清单?

生产经营单位应依据确定的各类风险的全部控制措施和基础

安全管理要求，编制包含全部应该排查的隐患的清单。隐患排查清单包括基础管理类隐患排查清单和现场管理类隐患排查清单。

（1）基础管理类隐患排查清单

基础管理类隐患应依据基础管理内容要求，逐项编制排查清单，至少应包括：

1）基础管理项目的名称。

2）排查内容。

3）排查标准。

4）排查方法。

（2）现场管理类隐患排查清单

现场管理类隐患应以各类风险点为基本单元，依据风险分级管控体系中各风险点的控制措施和标准、规程要求编制排查清单，至少应包括：

1）与风险点对应的设备设施和作业的名称。

2）排查内容。

3）排查标准。

4）排查方法。

76. 生产经营单位应如何确定隐患排查项目并完成整改？

（1）确定排查项目与实施

实施隐患排查前，应根据排查类型、人员数量、时间安排和季节特点，在排查清单中选择具有针对性的具体排查项目，作为隐患排查的内容。基础管理类隐患和现场管理类隐患的排查可同时进行。

生产经营单位应当建立隐患日常排查、定期排查和专项排查工作机制，明确隐患排查的责任部门和人员、排查范围、程序、频次、统计分析、效果评价和评估改进等要求，及时发现并消除隐患。

（2）隐患记录归档与整改

隐患排查结束后，将隐患名称、存在位置、隐患等级、治理期限及治理措施等信息向从业人员进行通报；生产经营单位应认真填写隐患排查记录，形成隐患排查工作台账，包括排查对象或范围、时间、人员、安全技术状况、处理意见等内容，经隐患排查工作主要责任人签字后妥善保存。隐患排查组织部门应印发隐患整改通知书，对措施建议、完成期限等提出要求。隐患存在单位在实施隐患治理前应当对隐患存在的原因进行分析，并制定可靠的治理措施。隐患整改通知印发部门应当对隐患整改效果组织验收。

对于一般事故隐患，根据隐患治理的分级，由生产经营单位各级（公司、车间、部门、班组等）负责人或者有关人员负责组织整改。

经判定属于重大事故隐患的，生产经营单位应当及时组织评估，并编制事故隐患评估报告书。评估报告书应当包括事故隐患的类别、影响范围和风险程度以及对事故隐患的监控措施、治理方式、治理期限等内容。

77. 什么是隐患排查治理的"四个结合"？

安全生产要坚持防患于未然。要加大隐患排查治理力度，把问题解决在基层，把隐患消灭在萌芽状态。事故源于隐患，隐患排查治理是安全生产的关键，是加强安全生产工作的重中之重，其基本前提是要做好"四个结合"，即隐患排查治理与日常监管相结合；隐患排查治理与安全大检查相结合；隐患排查治理与责任落实相结合；隐患排查治理与日常培训学习相结合。

（1）隐患排查治理与日常监管相结合

按照"排查不留死角、治理不留后患"的原则，严密组织人员集中排查现场设备、设施及作业人员操作中的各类安全隐患，逐步实现由被动管理向超前预控转变。同时，加大日常监管和安全检查力度，分部门、分专业、分类别落实责任，确保监管的连续性和全面性。

（2）隐患排查治理与安全大检查相结合

对工作面设备状况、生产环境、作业过程等进行分类排查。重点排查安全防护措施、机电设备状态，检查工作现场落实作业规程和技术措施的情况，以及工作面工程质量和生产流程运作情况，努力从源头上做到生产与隐患排查治理协调统一。

（3）隐患排查治理与责任落实相结合

隐患排查治理过程中，坚持责任、时限、措施"三不放过"原则。对排查出的问题和隐患，及时建立隐患整改台账，落实责任单位和责任人员，并限期整改，归档存放。对已治理的隐患进行分析，查明隐患形成的根本原因，从管理上遏制同类隐患，从源头上解决问题。对于相同或相似的隐患，采取集中、拉网式排查，详细汇总，制订整改计划，以点带面，切实做到责任落实、时限落实、措施落实。

（4）隐患排查治理与日常培训学习相结合

通过警示教育、事故案例分析和专题研讨等形式，加强从业人员对隐患排查治理知识的学习，使从业人员能够正确处理好隐患排查与风险管理、标准化作业、安全评估等之间的关系，从而可以对隐患准确定级，提高隐患管理工作的质量，达到发现隐患、治理隐患、预防事故、保障安全的目的。

78. 隐患排查治理的要求有哪些？

提高生产经营单位隐患排查治理能力，需要从多方面入手。隐患排查治理的要求如下。

（1）隐患排查治理必须没有遗漏

隐患排查治理必须没有漏项和缺项，因一时疏忽造成的事故，要追究相应人员的责任。隐患排查治理的态度必须认真严谨，不能忽视任何一个角落、不能忽视任何一个人、不能忽视任何一个潜在的危险。能造成约束、限制能量和危险物质的措施失控的各种不安全因素都应一一进行排查，包括人的不安全行为、物的不安全状态、环境的不安全因素及管理方面的缺陷，并应形成长效管控机制；对风险较大区域的隐患应重点排查，防止发生伤亡事故。

（2）隐患排查治理必须有法可依

隐患的判定必须依据法律、法规、标准、规范及生产经营单位的安全规章制度，不能凭主观臆断、不能自以为是、不能强权判断，隐患从一定层面上可分为重大事故隐患及一般事故隐患，重大事故隐患必须采取清零行动，日常应加强重大事故隐患动态管控，同时，也不能任由一般事故隐患发展而形成重大事故隐患或发生事故。

（3）隐患治理质量必须达到要求

隐患治理质量应达到相关法律、法规、标准、规范的基本要求，可以超过但不能低于这些基本要求，否则就是不合法、不合规。隐患治理不能敷衍应付、不能糊弄了事、不能蒙混过关。安全面前没有讨价还价的余地，坚决不能放松隐患治理的标准；对隐患治理的质量必须严格把关，不能稀里糊涂、不能有丝毫的放松、不能治理隐患后又产生了新的隐患。

（4）隐患排查治理必须形成闭环

隐患排查治理必须形成闭环，包括以下主要环节：隐患排查、隐患治理、效果验证、总结分析等。对每次隐患排查活动必须有策划布置、有过程实施、有评价总结、有持续改进；对每次隐患治理活动必须编制治理方案、落实治理措施、对治理效果进行验证、确认隐患治理达标。

（5）隐患排查治理必须举一反三

各层级对每次隐患排查后发现的隐患进行研讨分析，确定其他区域是否有相同或相似的隐患，若有则应一并进行治理，不能"头痛医头、脚痛医脚"，不能排查出什么隐患才治理什么隐患，一点不开动脑筋、一点不进行思考，抱着应付的心理进行隐患排查治理，忘却了隐患排查治理的初衷是为了预防事故，控制风险、消除隐患是"因"，零事故是"果"，管控"因"的最终目的是得到"果"。

（6）隐患排查治理必须层层落实

各层级应推进落实双重预防机制，即风险分级管控及隐患排查治理机制，管理部门、基层班组都应对隐患进行自检、自查、自改。在此过程中，班组成员应能够识别隐患、辨识风险，在生产实践中边学边干、边干边提升，不能因不会、不懂而不学、不做，安全知识、安全技能、安全经验都需要后天学习和积累，做到学以致用，才能避免事故。

（7）隐患排查治理必须领导重视

各层级领导对隐患排查治理工作应给予足够的重视及支持，

对发现的隐患及时配置相应的资源进行整改,不能有不整改也不会出事的心理;当然,对排查出的隐患,可在治理前进行研讨分析,确定治理的先后顺序,优先解决重大事故隐患,再解决一般事故隐患。

(8)隐患排查治理必须全员参与

隐患排查治理必须全员参与,做到人人都是安全工作者,人人都是安全工作的主人;在隐患排查治理过程中,要深刻认识隐患的危害,有一双发现隐患的慧眼,让隐患没有容身之所。

(9)隐患排查治理必须达成实效

隐患排查治理必须达成预防事故的实效,否则一切都是徒劳;隐患排查治理的最终目标是零事故,若没有得到零事故的结果,表明隐患排查治理工作有缺陷、有缺失、有漏洞,必须调整隐患排查治理的方向、方式及方法。

79. 生产经营单位制定的隐患排查治理制度应包括哪些内容?

生产经营单位制定的隐患排查治理制度应包括以下内容。

(1) 目的和内容

主要包括排查治理的范围、对象、时间、方法等。

(2) 适用范围

生产经营单位的隐患排查治理制度应适用于本单位全体从业人员和相关负责人等。

(3) 职责确定

主要包括单位主要负责人、安全生产负责人、车间及班组负责人和从业人员等在排查治理过程中的具体任务和责任。

（4）事故隐患分类

根据生产经营单位自身特点，可将事故隐患分为重大、较大、一般等不同级别。

（5）工作程序

主要包括组织机构、隐患的排查与报告、隐患的整改和验收、档案建立、奖惩情况等。

（6）附则

明确制度实施的日期以及制度解释权等。

80. 隐患排查过程中发现重大事故隐患应如何报备？

生产经营单位应按照"及时报备、动态更新、真实准确"的原则，通过隐患治理信息系统向属地负有安全生产监督管理职责的部门及时报备重大事故隐患信息，负有直接监督管理责任的管理部门应审查报备信息的完整性。

（1）重大事故隐患的报备应包括以下内容。

1）隐患名称、类型类别、所属生产经营单位及所在行政区划、属地负有安全生产监督管理职责的管理部门。

2）隐患现状描述及产生原因。

3）可能导致发生的安全生产事故及后果。

4）整改方案或已经采取的治理措施，治理效果和可能存在的遗留问题。

5）隐患整改验收情况、责任人处理结果。

6）整改期间发生安全生产事故的，还应报送事故及处理结果等信息。

（2）重大事故隐患报备包括首次报备、定期报备和不定期报备三种方式。

1）首次报备：应在重大事故隐患确定后进行报备。

2）定期报备：报送重大事故隐患整改的进展情况。

3）不定期报备：当重大事故隐患状态发生新的重大变化时，应及时报备相关情况。

重大事故隐患首次报备应在重大事故隐患确定后5个工作日内报备，定期报备应在每季度结束后次月前10个工作日内报备，不定期报备应在重大事故隐患状态发生重大变化后5个工作日内进行报备。

81. 重大事故隐患治理方案应当包括哪些内容？

隐患排查治理工作中，生产经营单位的主要负责人必须履行其安全生产管理职责，对本单位事故隐患排查治理工作全面负责，对于重大事故隐患，应由生产经营单位主要负责人组织制定并实施隐患治理方案。重大事故隐患治理方案，一般包含六项内容，具体如下。

（1）治理目标和任务

有了准确的目标和任务，隐患治理工作才能进行。

（2）采取的方法和措施

有了目标之后，就需要确定接下来该如何做，应通过各种技术手段，确保隐患治理工作顺利进行。

（3）经费和物资的情况

明确各类经费和物资的明细，才能确保其被正确地分配和使用。

（4）机构和人员的确认

确认负责治理的机构是什么、人员有哪些，将责任落实到人，使隐患治理工作的落实更加有保障。

（5）治理的时限和要求

有时间和具体要求的约束，才能使隐患治理工作既高效，又保质保量。

（6）安全措施及应急预案

在隐患治理的过程中，难免会遇到特殊情况，所以需要提前做好准备,以防影响整个进程。

在实际的隐患治理中,具体情况还需具体分析,要灵活应变,以实际情况为准。

82. 什么是隐患闭环管理?

隐患闭环管理是指为进一步加强隐患排查、统计、分析、治理工作,逐步掌握隐患出现规律,建立的隐患编码分析防控闭环体系。生产经营单位应当推进安全生产标准化和隐患排查治理体系建设,建立自查、自改、自报隐患的排查治理信息系统,有关部门应当建设信息化、数字化、智能化隐患排查治理网络管理平台,并与生产经营单位互联互通,实现隐患排查、登记、评估、报告、监控、治理、销账的全过程记录和闭环管理。隐患闭环管理一般包括以下环节。

(1)隐患排查环节

隐患排查工作包括各类专项安全检查、安全管理人员日常安全巡查、定期安全检查,以及从业人员发现隐患后进行的报告等。

(2)填单登记环节

填单登记包括作业现场隐患确认登记、隐患整改通知单录入登记、信息汇报登记等。

(3)签字确认环节

检查单位和被检查单位责任人对存在的隐患及整改措施签字、确认。本环节包含作出处罚决定。

(4)收集整理环节

将隐患信息收集后,进行筛选、分类、建档。

(5)下达通知环节

按整改责任区划、责任范围向责任人送达整改通知单。

（6）整改实施环节

按整改要求，落实整改措施，限期消除隐患。

（7）监控督查环节

在整改限期内，对整改情况进行监督检查。

（8）复查验收环节

接到整改完成报告后，进行整改情况检查、验收。

（9）信息反馈环节

收集整改信息，对完成情况进行登记、报告。

（10）销账环节

对已完成的整改项目予以销账；对未完成项目予以重新登记，并处罚责任单位、责任人，再次下达整改通知，落实整改，直至完成整改，再进行销账。

七、隐患排查治理责任

83. 什么是全员安全生产责任制？

2016年12月9日，《中共中央 国务院关于推进安全生产领域改革发展的意见》明确提出"企业实行全员安全生产责任制度"。2017年10月10日，《国务院安全生产委员会办公室关于全面加强企业全员安全生产责任制工作的通知》明确要求"高度重视企业全员安全生产责任制"，并对如何建立健全企业全员安全生产责任制提出了具体要求，对企业全员安全生产责任制的内涵、重要意义作出了阐释，并对企业全员安全生产责任制的建立、公示、培训、考核都作出了明确要求，标志着全员安全生产责任制体系基本成型。2020年4月1日，《国务院安全生产委员会关于印发〈全国安全生产专项整治三年行动计划〉的通知》也强调应"落实全员安全生产责任""强化内部各部门安全生产职责，落实一岗双责制度"。《"十四五"国家应急体系规划》明确提出"将生产经营单位的主要负责人列为本单位安全生产第一责任人。以完善现代企业法人治理体系为基础，建立企业全员安全生产责任制度"，2021年新修正的《安全生产法》将"全员安全生产责任制"作为所有生产经营单位的法定义务，不再局限于"企业"这一主体。

全员安全生产责任制，顾名思义，就是让全体从业人员都参与安全生产，其目的在于强调确保安全生产的顺利进行，不再是某个部门或某个人的责任，而是全体从业人员共同努力的结果。全员安全生产责任制是在长期的安全生产工作实践中总结出来的一种制度设计，这种安全责任制度着重突出了所覆盖的范围。要按照安全生产相关法律法规的规定，确立各岗位的安全生产责任，并用签字承诺、签订包保责任书等形式，把每个岗位的职责以及所应承担的责任都写出来，每个岗位都要在日常的安全生产工作中认真地履行自己的职责，按照自己的职责去完成工作，将每个人的工作表现跟其经济利益联系起来，并实行奖励、问责、惩罚制度，从而形成一个安全责任的闭环，使每个岗位的安全责任都得到有效的落实。

全员安全生产责任制是对生产经营单位岗位责任制的细化，是一项最基本的安全制度，也是生产经营单位安全生产、劳动保护管理制度的核心。全员安全生产责任制将各种安全生产管理、安全操作制度结合起来，明确生产经营单位各部门和人员应承担的安全生产责任，以确保每一名从业人员都能够充分发挥自己的作用，达到安全生产的目标。

在生产经营单位中，各级领导必须担负起责任，负责组织安排各项安全措施的落实，建立健全安全管理制度，做好安全技术培训工作，及时发现并处理事故隐患；各职能部门必须负责落实各项安全措施，组织开展安全检查，加强现场监督管理；相关工程技术人员必须负责组织实施各项安全措施，保证设备设施及环境的正常运行；一线从业人员必须按照规定进行操作，严格遵守劳动纪律，及时报告事故隐患。在全员安全生产责任制中，各级管理人员、职能部门、技术人员和各个岗位的操作人员，要按照自己的工作任务和岗位特点，来决定自己应该做的工作和承担的责任。

法律提示

《安全生产法》第二十二条规定，生产经营单位的全员安全生产责任制应当明确各岗位的责任人员、责任范围和考核标准等内容。

七、隐患排查治理责任

> 生产经营单位应当建立相应的机制,加强对全员安全生产责任制落实情况的监督考核,保证全员安全生产责任制的落实。

84. 全员安全生产责任制主要内容有哪些?

安全生产人人有责、各负其责,是保证生产经营单位的生产经营活动安全进行的重要基础。生产经营单位应当建立纵向到底、横向到边的全员安全生产责任制。从具体内容上看,全员安全生产责任制应当包括以下主要内容。

(1)生产经营单位的各级管理人员,在完成生产或者经营任务的同时,对本单位安全生产工作负责。

（2）各职能部门的人员，对自己业务范围内有关的安全生产工作负责。

（3）班组长、特种作业人员对其岗位的安全生产工作负责。

（4）所有从业人员应在自己本职工作范围内做到安全生产。

（5）各类安全生产责任的考核标准以及奖惩措施。

全员安全生产责任制应当内容全面、要求清晰、操作方便，各岗位的责任人员、责任范围及相关考核标准应一目了然。当管理架构发生变化，或者岗位设置调整、从业人员变动时，生产经营单位应当及时对全员安全生产责任制的内容作出相应修改，以适应安全生产工作的需要。

全员安全生产责任制应当定岗位、定人员、定安全责任，根据岗位的实际工作情况，确定相应的人员，明确岗位职责和相应的安全生产职责，实行"一岗双责"。

生产经营单位根据本单位实际，建立由本单位主要负责人牵头，相关负责人、安全生产管理机构负责人以及人事、财务等相关职能部门人员组成的全员安全生产责任制监督考核领导机构，协调处理全员安全生产责任制执行中的问题。主要负责人对全员安全生产责任制落实情况全面负责，安全生产管理机构负责全员安全生产责任制的监督和考核工作。

生产经营单位应当建立完善全员安全生产责任制监督、考核、奖惩的相关制度，明确安全生产管理机构和人事、财务等相关职能部门的职责。全员安全生产责任制的落实情况应当与生产经营单位的安全生产奖惩措施挂钩。对于严格履行安全生产职责满足责任制考核标准要求的，应当予以奖励；对于弄虚作假、未认真履行安全生产职责或者存在重大事故隐患、发生生产安全事故等不满足责任制考核标准要求的，给予严惩。

七、隐患排查治理责任

85. 生产经营单位的主要负责人负有哪些安全生产责任?

生产经营单位的主要负责人对本单位安全生产工作负有以下职责:

(1)建立健全并落实本单位全员安全生产责任制,加强安全生产标准化建设。

(2)组织制定并实施本单位安全生产规章制度和操作规程。

(3)组织制订并实施本单位安全生产教育和培训计划。

(4)保证本单位安全生产投入的有效实施。

(5)组织建立并落实安全风险分级管控和隐患排查治理双重预防工作机制,督促、检查本单位的安全生产工作,及时消除生产安全事故隐患。

(6)组织制定并实施本单位的生产安全事故应急救援预案。

(7)及时、如实报告生产安全事故。

> **法律提示**
>
> 《安全生产法》第五条规定,生产经营单位的主要负责人是本单位安全生产第一责任人,对本单位的安全生产工作全面负责。其他负责人对职责范围内的安全生产工作负责。

86. 生产经营单位如何对隐患进行排查和治理?

(1)建立完善隐患排查治理制度

生产经营单位应建立健全隐患排查治理制度,逐级建立并落实从主要负责人到每位从业人员的隐患排查治理和监控责任制,并按照有关规定组织开展隐患排查治理工作,及时发现并消除隐患，实行隐患闭环管理。

（2）隐患排查

生产经营单位应依据有关法律、法规、标准、规范等，组织制定各部门、岗位、场所、设备设施的隐患排查治理标准或排查清单，明确隐患排查的时限、范围、内容、频次和要求，并组织开展相应的培训。隐患排查的范围应包括所有与生产经营相关的场所、人员、设备设施和活动，包括承包商和供应商等相关方服务范围。生产经营单位应按照有关规定，结合安全生产的需要和特点，采用综合检查、专项检查、季节性检查、节假日检查、日常检查等不同方式进行隐患排查。对排查出的隐患，按照隐患的等级进行记录，建立隐患信息档案，并按照职责分工实施监控治理。

生产经营单位组织有关人员对本单位可能存在的重大事故隐患作出认定，并按照有关规定进行管理。

生产经营单位应将相关方排查出的隐患统一纳入本单位隐患管理。

（3）隐患治理

生产经营单位应根据隐患排查的结果制定隐患治理方案，对隐患及时进行治理。生产经营单位应按照责任分工立即或限期组织整改一般事故隐患，主要负责人应组织制定并实施重大事故隐患治理方案。治理方案应包括目标和任务、方法和措施、经费和物资、机构和人员、时限和要求、应急预案。生产经营单位在隐患治理过程中，应采取相应的监控防范措施。隐患排除前或排除过程中无法保证安全的，应从危险区域内撤出作业人员，疏散可能危及的人员，设置警戒标志，暂时停产停业或停止使用相关设备、设施。

（4）评估验收

隐患治理完成后，生产经营单位应按照有关规定对治理情况进行评估、验收。重大事故隐患治理完成后，生产经营单位应组织本单位的安全管理人员和有关技术人员进行验收或委托依法设立的为安全生产提供技术、管理服务的机构进行评估。

（5）信息记录、通报和报送

生产经营单位应如实记录隐患排查治理情况，应当每季、每年对本单位隐患排查治理情况进行统计分析，并及时将隐患排查治理情况向从业人员通报。生产经营单位应运用隐患自查、自改、自报信息系统，通过信息系统对隐患排查、报告、治理、销账等过程进行电子化管理和统计分析，并按照当地负有安全监督管理职责的部门和有关部门的要求，定期或实时报送隐患排查治理情况。

87. 生产经营单位隐患排查治理的主要责任有哪些？

（1）生产经营单位是事故隐患排查、治理和防控的责任主体。生产经营单位应当建立健全事故隐患排查治理和建档监控等制度，逐级建立并落实从主要负责人到每个从业人员的隐患排查治理和监控责任制。生产经营单位主要负责人对本单位事故隐患排查治理工作全面负责。

（2）生产经营单位应当保证事故隐患排查治理所需的资金，建立资金使用专项制度。

（3）生产经营单位应当定期组织安全生产管理人员、工程技术人员和其他相关人员排查本单位的事故隐患。对排查出的事故隐患，应当按照事故隐患的等级进行登记，建立事故隐患信息档案，并按照职责分工实施监控治理。

（4）生产经营单位应当建立事故隐患报告和举报奖励制度，鼓励、发动职工发现和排除事故隐患，鼓励社会公众举报。对发现、排除和举报事故隐患的有功人员，应当给予物质奖励和表彰。

（5）生产经营单位应当依照法律、法规、规章、标准和规程的要求从事生产经营活动。

（6）生产经营单位将生产经营项目、场所、设备发包、出租的，应当与承包、承租单位签订安全生产管理协议，并在协议中明确各方对事故隐患排查、治理和防控的管理职责。生产经营单位对承包、承租单位的事故隐患排查治理负有统一协调和监督管理的职责。

88. 重大事故隐患报告内容有哪些？

根据《安全生产事故隐患排查治理暂行规定》，对于重大事故隐患，生产经营单位除依照有关规定定期报送本单位事故隐患排查治理情况统计分析表外，应当及时向应急管理部门和有关部门报告。重大事故隐患报告内容应当包括：

（1）隐患的现状及其产生原因。

（2）隐患的危害程度和整改难易程度分析。

（3）隐患的治理方案。

> **相关链接**
>
> 重大事故隐患报告的程序如下。
>
> （1）隐患排查
>
> 生产经营单位应加强事故隐患的排查工作，建立健全隐患排查机制，包括定期巡检、常态化检查等，并注意从业人员的反馈和舆情信息。
>
> （2）隐患评估
>
> 发现隐患后，应立即进行评估，对隐患的严重程度进行判断，以确定是否为重大事故隐患。
>
> （3）报告汇总
>
> 对评估后确定的重大事故隐患，应及时报告，报告的对象包括上级主管部门、本单位领导和安全管理人员。
>
> （4）整改方案
>
> 生产经营单位应制定整改措施和方案，并报告给上级主管部门进行审核。

89. 完善隐患排查治理闭环工作机制要重点做好哪些工作？

（1）要完善生产经营单位隐患排查治理体系建设，建立自查、自改、自报事故隐患的信息管理系统，明确管理责任、流程和要求，确保隐患排查工作的持续性和规范性。

（2）要建立健全事故隐患闭环工作机制，实现隐患排查、登记、评估、治理、报告、销账的闭环管理。

（3）要通过发现隐患、制定整改方案、落实整改措施、验证整改效果等环节实现有效闭环管理。

（4）要建立完善的事故隐患登记报告制、事故隐患整改公示制、重大事故隐患督办制等工作制度，使隐患从发现到整改完毕都处在监督管理下，使排查治理工作成为一个"闭合环路"。

生产经营单位应对查出的隐患做到责任、措施、资金、时限和预案"五落实"，对重大事故隐患实现隐患排查闭环管理。

90. 生产经营单位负责人隐患排查治理责任有哪些？

（1）生产经营单位主要负责人对本单位事故隐患排查治理工作全面负责。

（2）生产经营单位应当定期对本单位事故隐患排查治理情况进行统计分析，并按时向应急管理部门和有关部门报送书面统计分析表。统计分析表应当由生产经营单位主要负责人签字。

（3）对于重大事故隐患，应由生产经营单位主要负责人组织制定并实施隐患治理方案。

（4）生产经营单位主要负责人应保证本单位安全生产投入的有效实施。

（5）生产经营单位主要负责人应组织建立并落实安全风险分级管控和隐患排查治理双重预防工作机制，督促、检查本单位的安全生产工作，及时消除事故隐患。

（6）生产经营单位主要负责人应组织制定并实施本单位的生产安全事故应急救援预案。

91. 如何落实隐患排查结果？

（1）地方人民政府或者应急管理部门及有关部门挂牌督办并责令全部或者局部停产停业治理的重大事故隐患，治理工作结束后，有条件的生产经营单位应当组织本单位的技术人员和专家对重大事故隐患的治理情况进行评估；其他生产经营单位应当委托具备相应资质的安全评价机构对重大事故隐患的治理情况进行评估。

经治理后符合安全生产条件的，生产经营单位应当向应急管理部门和有关部门提出恢复生产的书面申请，经应急管理部门和有关部门审查同意后，方可恢复生产经营。申请报告应当包括事故隐患治理方案的内容、项目和安全评价机构出具的评价报告等。

（2）应急管理部门应当指导、监督生产经营单位按照有关法律、法规、规章、标准和规程的要求，建立健全事故隐患排查治理等各项制度。

（3）应急管理部门应当建立事故隐患排查治理监督检查制度，定期组织对生产经营单位事故隐患排查治理情况开展监督检查；应当加强对重点单位的事故隐患排查治理情况的监督检查。对检查过程中发现的重大事故隐患，应当下达整改指令书，并建立信息管理台账。必要时，报告同级人民政府并对重大事故隐患实行挂牌督办。

应急管理部门应当配合有关部门做好对生产经营单位事故隐患排查治理情况开展的监督检查，依法查处事故隐患排查治理的非法和违法行为及其责任者。应急管理部门发现属于其他有关部门职责范围内的重大事故隐患的，应该及时将有关资料移送有管辖权的有关部门，并记录备查。

（4）已经取得安全生产许可证的生产经营单位，在其被挂牌督办的重大事故隐患治理结束前，应急管理部门应当加强监督检查。必要时，可以提请原许可证颁发机关依法暂扣其安全生产许可证。

（5）对挂牌督办并采取全部或者局部停产停业治理的重大事故隐患，应急管理部门收到生产经营单位恢复生产的申请报告后,应当在10日内进行现场审查。审查合格的,对事故隐患进行核销,同意恢复生产经营;审查不合格的,依法责令改正或者下达停产整改指令。对整改无望或者生产经营单位拒不执行整改指令的,依法实施行政处罚;不具备安全生产条件的,依法提请县级以上人民政府按照国务院规定的权限予以关闭。

(6)应急管理部门应当会同有关部门把重大事故隐患整改纳入重点行业领域的安全专项整治中加以治理,落实相应责任。

> **相关链接**
>
> 生产经营单位应当加强对自然灾害的预防。对于因自然灾害可能导致事故灾难的隐患,应当按照有关法律、法规、标准的规定进行排查治理,采取可靠的预防措施,制定应急预案。

92. 对违反隐患排查治理相关法律法规规定的有哪些处罚措施?

(1)生产经营单位及其主要负责人未履行事故隐患排查治理职责,导致发生生产安全事故的,依法给予行政处罚。

(2)生产经营单位违反相关规定,有下列行为之一的,由应急管理部门给予警告,并处3万元以下的罚款:

1)未建立事故隐患排查治理等各项制度的;
2)未按规定上报事故隐患排查治理统计分析表的;
3)未制定事故隐患治理方案的;
4)重大事故隐患不报或者未及时报告的;
5)未对事故隐患进行排查治理擅自生产经营的;
6)整改不合格或者未经应急管理部门审查同意擅自恢复生产经营的。

（3）承担检测检验、安全评价的中介机构，出具虚假评价证明，尚不够刑事处罚的，没收违法所得，违法所得在5 000元以上的，并处违法所得2倍以上5倍以下的罚款，没有违法所得或者违法所得不足5 000元的，单处或者并处5 000元以上2万元以下的罚款，同时可对其直接负责的主管人员和其他直接责任人员处5 000元以上5万元以下的罚款；给他人造成损害的，与生产经营单位承担连带赔偿责任。

对有上述违法行为的机构，撤销其相应的资质。

（4）生产经营单位事故隐患排查治理过程中违反有关安全生产法律、法规、规章、标准和规程规定的，依法给予行政处罚。

（5）应急管理部门的工作人员未依法履行职责的，按照有关规定处理。

八、事故报告和调查处理

93. 生产安全事故调查处理的原则是什么？

《安全生产法》规定，事故调查处理应当按照科学严谨、依法依规、实事求是、注重实效的原则，及时、准确地查清事故原因，查明事故性质和责任，评估应急处置工作，总结事故教训，提出整改措施，并对事故责任单位和人员提出处理建议。事故调查报告应当依法及时向社会公布。事故调查和处理的具体办法由国务院制定。

事故发生单位应当及时全面落实整改措施，负有安全生产监督管理职责的部门应当加强监督检查。

负责事故调查处理的国务院有关部门和地方人民政府应当在批复事故调查报告后一年内，组织有关部门对事故整改和防范措施落实情况进行评估，并及时向社会公开评估结果；对不履行职责导致事故整改和防范措施没有落实的有关单位和人员，应当按照有关规定追究责任。

94. 生产安全事故报告的基本程序是什么？

《生产安全事故报告和调查处理条例》规定，安全事故发生后，事故现场有关人员应当立即向本单位负责人报告；单位负责人接到报告后，应当于1小时内向事故发生地县级以上人民政府应急管理部门和负有安全生产监督管理职责的有关部门报告。

情况紧急时，事故现场有关人员可以直接向事故发生地县级以上人民政府应急管理部门和负有安全生产监督管理职责的有关部门报告。

八、事故报告和调查处理　131

应急管理部门和负有安全生产监督管理职责的有关部门接到事故报告后,应当依照下列规定上报事故情况,并通知公安机关、人力资源和社会保障行政部门、工会和人民检察院。

(1) 特别重大事故、重大事故逐级上报至国务院应急管理部门和负有安全生产监督管理职责的有关部门。

(2) 较大事故逐级上报至省、自治区、直辖市人民政府应急管理部门和负有安全生产监督管理职责的有关部门。

(3) 一般事故上报至设区的市级人民政府应急管理部门和负有安全生产监督管理职责的有关部门。

应急管理部门和负有安全生产监督管理职责的有关部门依照上述规定上报事故情况,应当同时报告本级人民政府。国务院应急管理部门和负有安全生产监督管理职责的有关部门以及省级人民政府接到发生特别重大事故、重大事故的报告后,应当立即报告国务院。

必要时,应急管理部门和负有安全生产监督管理职责的有关部门可以越级上报事故情况。

应急管理部门和负有安全生产监督管理职责的有关部门逐级上报事故情况,每级上报的时间不得超过2小时。

95. 生产安全事故报告的时限是如何规定的?

报告事故的首要原则是"及时"。《生产安全事故报告和调查处理条例》第十一条关于事故报告的时间要求,核心词语是"2小时"。作出"2小时"的规定,既增加了及时原则的可操作性,又给下级应急管理部门和负有安全生产监督管理职责的有关部门核实情况和开展应急救援工作留出了足够的时间,是比较切合实际的。"2小时"的起点是接到下级部门报告的时间,以特别重大事故的报告为例,取报告时限要求的最大值计算,从单位负责人报告县级相关管理部门,再由县级相关管理部门报告市级相关管理部门、市级相关管理部门报告省级相关管理部门、省级相关管理部门报告国务院相关管理部门,直至最后报至国务院总共所需时间为9小时。之所以对上报事故作出这样限制性的时间规定,主要基于以下原因。

第一,快速上报事故,有利于上级管理部门及时掌握情况,迅速开展应急救援工作。经验表明,在煤矿和非煤矿山事故、建筑施工中的坍塌事故以及危险化学品、烟花爆竹爆炸事故中,除当场造成一定伤亡外,往往还导致部分作业人员被困井下或者被埋在瓦砾之中。抢救险情,挽救生命,刻不容缓。上级管理部门可以及时调集应急救援力量,调集更多的人力、物力等资源,协调各方面的关系,尽快组织实施有效救援。

八、事故报告和调查处理

第二，快速上报事故，有利于快速、妥善安排事故的善后工作。事故的发生给受害者本人造成了伤害，甚至会导致部分受害者失去生命，同时也给其家属带来了巨大的心理伤害。特别是在群死群伤的事故中，受害者家属的悲伤情绪互相感染、扩大，容易导致群情激愤，如果处理不当，易造成社会的不稳定。还有一些事故，如油气田井喷事故、危险化学品泄漏事故等，不仅会造成人员伤亡，而且会直接影响事故发生地点周围环境，对周围群众的生命财产安全造成威胁。因此，需要在极短时间内安排群众安全转移。这些情况的处理，都需要上级管理部门迅速掌握事故有关情况，做好思想上、经济上以及物资调度上的各项准备。

第三，快速上报事故，有利于及时向社会公布事故的有关情况，正确引导社会舆论。随着安全生产工作的深入开展，人民群众对生命的关注程度越来越深，对安全的呼声也越来越高。随着网络这一新兴传媒的不断发展壮大，信息的传播速度、波及范围以及造成的影响已经发生了前所未有的变化。由于事故往往涉及行政违法行为、侵犯从业人员合法权益的行为、安全生产犯罪行为，有时甚至涉及监管部门的渎职失职等，再加上有些媒体为了吸引眼球，不负责任地追求轰动效应，有些报道不可避免地失之于真、失之于准，从而误导广大群众。快速上报事故，才能让上级管理部门全面准确地了解事故情况，适时地向社会进行公布，从而掌握新闻宣传的主动权，正确引导社会舆论。

96. 生产安全事故报告应该包括哪些内容？

《生产安全事故报告和调查处理条例》第四条规定了事故报告应当完整的原则，第十二条全面规定了报告事故应当包括的内容，是完整性原则的具体体现。事故报告应当包括的内容具体如下。

(1) 事故发生单位概况

事故发生单位概况应当包括单位的全称、所处地理位置、所有制形式和隶属关系、生产经营范围和规模、持有各类证照的情况、单位负责人的基本情况以及近期的生产经营状况等。当然,这些只是一般性要求,对于不同行业的生产经营单位,报告的内容应该根据实际情况来确定,但应当以全面、简洁为原则。

(2) 事故发生的时间、地点以及事故现场情况

报告事故发生的时间应当具体,并尽量精确到分钟。报告事故发生的地点要准确,除事故发生的中心地点外,还应当报告事故所波及的区域。报告事故现场的情况应当全面,不仅应当报告现场的总体情况,还应当报告现场人员的伤亡情况、设备设施的毁损情况;不仅应当报告事故发生后的现场情况,还应当尽量报告事故发生前的现场情况,以便于前后比较,分析事故原因。

(3) 事故的简要经过

事故的简要经过是对事故全过程的简要叙述。核心要求在于"全"和"简"。"全"是要全过程描述,"简"是要简单明了。需要强调的是,对事故经过的描述应当特别注意事故发生前作业场所有关人员和设备设施的一些细节,因为这些细节可能就是引发事故的重要原因。

(4) 事故已经造成或者可能造成的伤亡人数 (包括下落不明的人数) 和初步估计的直接经济损失

对于人员伤亡情况的报告,应当遵守实事求是的原则,不得进行无根据的猜测,更不能隐瞒实际伤亡人数。对可能产生的伤亡人数,要根据事故单位出勤记录,尽可能准确报告。对直接经济损失的初步估算,主要指事故所导致的建筑物的毁损、生产设备设施和仪器仪表的损坏等。

八、事故报告和调查处理

（5）已经采取的措施

已经采取的措施主要是指事故现场有关人员、事故单位主要负责人、已经接到事故报告的应急管理部门为减少损失、防止事故扩大和便于事故调查所采取的应急救援和现场保护等具体措施。

（6）其他应当报告的情况

对于其他应当报告的情况，要根据实际情况具体确定。需要特别指出的是，《生产安全事故报告和调查处理条例》制定时考虑到事故原因往往需要进一步调查之后才能确定，为谨慎起见，没有将其列入应当报告的事项。但是，对于能够初步判定事故原因的，还是应当进行报告。

事故现场有关人员需要准确报告事故的时间、地点，事故单位主要负责人需要报告事故的简要经过、人员伤亡和损失情况以及已经采取的措施等,应急管理部门和负有安全生产监督管理职责的有关部门向上级部门报告事故情况需要严格按照规定进行报告。

97. 事故调查的基本原则是什么?

为了避免类似事故发生,必须进行全面的事故调查,找出事故发生的原因,制定相应的预防措施。以下为生产安全事故调查的基本原则,生产经营单位和有关部门应严格遵循相关原则,以提高事故调查的效果和质量。

(1)公正、客观原则

生产安全事故调查必须以公正、客观的态度进行,不受任何人或组织的影响。调查人员应当排除主观偏见,全面了解事故发生的背景、过程和原因,确保调查结论真实可信。

(2)全面、完整原则

生产安全事故调查应当全面,不仅要调查事故的直接原因,还要深入分析事故的根本原因。调查人员应当收集、整理、分析大量的相关信息和数据,形成完整的调查报告。

(3)科学、合理原则

生产安全事故调查应当基于科学的方法和理论进行,遵循逻辑推理和因果关系的规律。调查人员应当合理运用科学的分析工具和技术手段,找出事故发生的具体原因和责任。

(4)综合、系统原则

生产安全事故调查应当综合运用各种调查方法和手段,包括现场勘查、证据收集、证人询问、资料分析等。调查人员应当将各种调查结果进行整合,形成系统的调查结论。

(5)及时、有效原则

生产安全事故调查应当及时进行,以便快速掌握事故现场的具体情况。调查人员应当迅速采取行动,收集相关证据和材料,确保调查的有效性和准确性。

(6)借鉴、总结原则

生产安全事故调查应当借鉴和总结以往的调查经验和教训,避免重复犯错。调查人员应当对事故调查的结果进行分析和归纳,形成有益于预防的建议和措施。

(7)保密、隐私原则

生产安全事故调查应当严格保密,不泄露与调查有关的信息和资料。调查人员应当尊重当事人的隐私权,对个人隐私信息进行保护。

(8)教育、警示原则

生产安全事故调查应当以教育和警示为目的进行,通过对事故的深入分析和调查,向相关人员传递安全生产的知识和技能,提高他们的安全意识和防范能力。

(9)合法、规范原则

生产安全事故调查应当遵守国家法律法规的规定,依法进行。调查人员应当了解和熟悉相关法律法规,确保调查工作的合法性和规范性。

生产安全事故调查是预防事故再次发生的重要环节。只有遵循公正、客观、全面、完整、科学、合理、综合、系统、及时、有效、借鉴、总结、保密、隐私、教育、警示、合法、规范的原则,才能准确找出事故的原因和责任,制定出科学合理的预防措施,确保生产过程的安全和稳定。

98. 在事故调查中如何划分职责?

事故调查工作实行"政府领导,分级负责"的原则。这样规定有利于进一步落实各级政府安全生产行政首长负责制,有利于加强安全生产监督管理工作;有利于事故调查的公正,减少或者避免地方或者部门保护；有利于准确认定事故原因，吸取事故教训；有利于追究事故责任，避免事故再次发生。

（1）特别重大事故由国务院或者国务院授权有关部门组织事故调查组进行调查。对于特别重大事故的调查，一般有以下两种情况。

一是国务院直接组织事故调查组进行调查。由国务院直接组织事故调查组进行调查的特别重大事故事故调查组组长既可以由国务院有关领导同志担任，也可以由国务院指定有关部门负责同志担任，一般指定应急管理部部长、副部长或者国家矿山安全监察局局长担任。

二是国务院授权有关部门组织事故调查组进行调查。这里所说的"授权"既可以是国务院或者国务院办公厅以规范性文件的形式一揽子授权，也可以是国务院领导同志根据事故的具体情况用批示的形式个别授权。这里所说的"有关部门"，一般是指应急管理部或者国家矿山安全监察局，也可以是国务院其他有关部门，如列车出轨颠覆事故、船舶碰撞沉没事故、飞机碰撞事故等特别重大事故，国务院可以授权国家铁路局、交通运输部、中国民用航空局等组织事故调查组进行调查。

（2）重大事故、较大事故、一般事故分别由事故发生地省级人民政府、设区的市级人民政府、县级人民政府负责调查。省级人民政府、设区的市级人民政府、县级人民政府可以直接组织事故调查组进行调查，也可以授权或者委托有关部门组织事故调查组进行调查。

（3）未造成人员伤亡的一般事故，县级人民政府也可以委托事故发生单位组织事故调查组进行调查。这里的"一般事故"通常指造成了轻伤或直接经济损失在 1 000 万元以下的事故，县级人民政府可以委托事故发生单位进行调查，事故发生单位要按要求组织事故调查组,调查结果要报告有关部门。这主要是考虑到此类一般事故数量很大,这样规定可以减轻政府负担,提高工作效率。

99. 事故调查组的职责有哪些?

事故调查组履行《生产安全事故报告和调查处理条例》第二十五条规定的各项职责是事故调查工作的核心。事故调查工作能否做到"实事求是、尊重科学",事故调查处理能否做到"四不放过",通过事故调查处理能否真正防止和减少事故、避免事故重复发生,关键在于事故调查组能否正确履行以下职责。

(1)查明事故发生的经过

1)事故发生前,事故发生单位生产作业状况。

2)事故发生的具体时间、地点。

3)事故现场状况及事故现场保护情况。

4)事故发生后采取的应急处置措施。

5)事故抢救及事故救援情况。

6)事故的善后处理情况。

7)其他与事故发生经过有关的情况。

(2)查明事故发生的原因

1)事故发生的直接原因。

2)事故发生的间接原因。

3)事故发生的其他原因。

(3)查明人员伤亡情况

1)事故发生前,事故发生单位作业人员分布情况。

2)事故发生时人员涉险情况。

3)事故当场造成的人员伤亡情况及人员失踪情况。

4)事故抢救过程中人员伤亡情况。

5) 最终伤亡情况。

6) 其他与事故有关的人员伤亡情况。

(4) 查明事故的直接经济损失

1) 人员伤亡后所支出的费用，如医疗费用、丧葬及抚恤费用、补助及救济费用、歇工工资等。

2) 事故善后处理费用，如处理事故的事务性费用、现场抢救费用、现场清理费用、事故罚款和赔偿费用等。

3) 事故造成的财产损失价值，如固定资产损失价值、流动资产损失价值等。

(5) 认定事故性质和事故责任

通过事故调查分析，对事故的性质要有明确结论。其中对认定为自然事故（非责任事故或者不可抗拒的事故）的，可不再认定或者追究事故责任者；对认定为责任事故的，要按照责任大小和承担责任的不同分别认定以下事故责任者。

1) 直接责任者。指其行为与事故发生有直接因果关系的人员，如违章作业人员等。

2) 主要责任者。指对事故发生负有主要责任的人员，如违章指挥者等。

3) 领导责任者。指对事故发生负有领导责任的人员，主要是生产经营单位主要负责人和负有安全生产监督管理职责的部门的相关人员。

(6) 提出对事故责任者的处理建议

通过事故调查分析，在认定事故的性质和事故责任的基础上，对事故责任者的处理建议主要包括以下内容。

1) 对责任者的行政处分、纪律处分建议。

2) 对责任者的行政处罚建议。

3) 对责任者追究刑事责任的建议。

4) 对责任者追究民事责任的建议。

八、事故报告和调查处理

(7)总结事故教训

通过事故调查分析,在认定事故的性质和事故责任的基础上,要认真总结的事故教训,主要是在安全生产管理、安全生产投入、安全生产条件等方面存在的薄弱环节、漏洞和隐患,要认真对照问题查找根源。

1)事故发生单位应该吸取的教训。

2)事故发生单位主要负责人应该吸取的教训。

3)事故发生单位安全管理人员和有关职能部门应该吸取的教训。

4)从业人员应该吸取的教训。

5)负有安全生产监督管理职责的部门应该吸取的教训。

6)其他同类生产经营单位应该吸取的教训。

7)社会公众应该吸取的教训等。

（8）提出防范和整改措施

防范和整改措施是在事故调查分析的基础上，针对事故发生单位在安全生产方面的薄弱环节、漏洞、隐患等提出的，要具备以下性质。

1）针对性。
2）可操作性。
3）普遍适用性。
4）时效性。

（9）提交事故调查报告

事故调查报告在事故调查组全面履行职责的前提下由事故调查组作出。这是事故调查最核心的任务，是工作成果的集中体现。

事故调查报告在事故调查组组长的主持下完成，事故调查报告的内容应当符合《生产安全事故报告和调查处理条例》第三十条的规定，并在规定的期限内提交。

100. 事故调查报告中应重点关注的要素有哪些？

事故调查报告是对事故的细节原因和影响进行全面分析和评估的书面文档，是对所有当事方负责的证明，在司法程序中扮演着至关重要的角色。事故调查报告中应重点关注的要素如下。

（1）事故概述

事故概述是对事故基本信息的描述，应该包括发生事故的地点和时间，事故相关的人员、设备、工具、材料、仪器等所有与事故相关的详细信息。此外，在事故概述中还应对事故的严重性和影响进行简要评估。

（2）事故原因

事故原因是对事故发生机理进行的分析，是事故调查报告的核心部分。在分析事故原因时应考虑到物理因素、人为因素以及组织和管理方面的因素。因素分析有助于避免同类事故再次发生，确保安全的生产和经营环境。

（3）事故验证

在事故调查报告中，事故验证往往会受到多方关注。有关人员应根据事故的性质和要求评估调查结果，进行事故验证，以避免同类事故再次发生。在事故验证中，因素分析的结果应得到合理验证，以推动事故调查报告对后续结果的改进和完善。

（4）事故影响

事故调查报告还应对事故造成的影响进行分析。对于生产经营单位发生的事故，影响范围包括但不限于本单位的领导、从业人员，以及事故波及区域的其他群众。此外，事故调查报告应对受影响方面的损失、损坏等内容进行详细描述。

（5）事故结论和建议

事故调查报告应提出调查的最终结论和建议。建议应包括针对导致事故发生的各项原因所作的合理建议。结论和建议有助于防止同类事故再次发生，并为有关负责人采取相关应对措施提供理论支持。

（6）事故防范和整改措施

事故发生后的整改可以从根本上解决事故发生的诱因，确保类似事故不再发生。通过事故整改，可以加强对有关负责人的教育和监督，提高其责任意识和安全意识。事故整改还可以起到警示作用，提醒其他相关单位要加强安全管理，防范事故的发生。

法律提示

《生产安全事故报告和调查处理条例》第三十条规定，事故调查报告应当包括下列内容：

(1)事故发生单位概况;
(2)事故发生经过和事故救援情况;
(3)事故造成的人员伤亡和直接经济损失;
(4)事故发生的原因和事故性质;
(5)事故责任的认定以及对事故责任者的处理建议;
(6)事故防范和整改措施。

事故调查报告应当附具有关证据材料。事故调查组成员应当在事故调查报告上签名。

101. 有关事故责任追究在法律上是如何规定的?

生产经营活动中发生生产安全事故的原因多种多样,但大多数事故都是因为违反安全生产的法律、法规、标准和有关技术规程、规范等人为因素造成的。例如,作业场所不符合保证安全生产的规定;设施、设备、工具、器材不符合安全标准,存在缺陷;未按规定配备劳动防护用品;未对从业人员进行安全教育培训,从业人员缺乏安全生产知识;劳动组织不合理;管理人员违章指挥;从业人员违章冒险作业等。鉴于生产安全事故会对人民群众的生命、财产造成严重的损害,对人为原因造成的责任事故,必须依法追究相关单位和人员的法律责任,以起到警诫和教育的作用。为此,《安全生产法》第十六条明确规定,对生产安全事故实行责任追究制度。依照《安全生产法》和有关法律、行政法规的规定,生产安全事故责任单位和责任人员承担的法律责任如下。

(1)行政责任

行政责任是指违反有关行政管理的法律、法规的规定所依法应当承担的法律后果。行政责任包括政务处分和行政处罚。

政务处分是对公务员、参照《中华人民共和国公务员法》管理的人员和法律、法规授权或者受国家机关依法委托管理公共事务的组织中从事公务的人员、国有企业管理人员等人员违法违纪行为给予的制裁性处理。按照《中华人民共和国公务员法》《中华人民共和国公职人员政务处分法》的有关规定，政务处分的种类包括警告、记过、记大过、降级、撤职、开除等。行政处罚是指行政机关依法对违反行政管理秩序的公民、法人或者其他组织，以减损权益或者增加义务的方式予以惩戒的行为。按照《中华人民共和国行政处罚法》的规定，行政处罚的种类包括：警告、通报批评；罚款、没收违法所得、没收非法财物；暂扣许可证件、降低资质等级、吊销许可证件；限制开展生产经营活动、责令停产停业、责令关闭、限制从业；行政拘留；法律、行政法规规定的其他行政处罚。在生产安全事故的调查处理中，必须实事求是地查明事故的性质和责任。对确定为责任事故的，既要查清事故单位责任人员的责任，也要查清负有安全生产监督管理职责的有关部门是否有违法审批或不依法履行监督管理职责的责任，特别是要严肃查处安全生产领域项目审批、行政许可、监管执法中的失职渎职和权钱交易等腐败行为，并根据不同情节，分别给予政务处分或者行政处罚；构成犯罪的，依法追究刑事责任。为了进一步强化安全生产责任单位和责任人员的责任，2021年修订的《安全生产法》进一步扩大了对生产经营单位的安全生产管理人员罚款适用的范围，并加大了罚款的力度。

（2）民事责任

《安全生产法》规定，生产经营单位发生生产安全事故造成人员伤亡、他人财产损失的，应当依法承担赔偿责任。赔偿责任主要包括造成人员伤亡和财产损失两方面的责任。造成人身损害的，应当赔偿医疗费、护理费、交通费等为治疗和康复支出的合理费用,以及因误工减少的收入;造成残疾的,还应当赔偿辅助具费和残疾赔偿金;造成死亡的,还应当赔偿丧葬费和死亡赔偿金。造成财产损失的,应按照损失发生时的市场价格或者其他方式计算。

(3)刑事责任

刑事责任是指有依照《中华人民共和国刑法》(以下简称《刑法》)的规定构成犯罪的严重违法行为所应承担的法律后果。《刑法》在"危害公共安全罪"一章中规定了重大责任事故罪、重大劳动安全事故罪、危险物品肇事罪、工程重大安全事故罪、危险作业罪等重大责任事故犯罪的刑事责任。《安全生产法》"法律责任"一章中规定了对生产安全事故造成严重事故后果的,依照《刑法》追究刑事责任。《中共中央 国务院关于推进安全生产领域改革发展的意见》也明确要求,坚持党政同责、一岗双责、齐抓共管、失职追责;严格安全生产履职绩效考核和失职责任追究;实行党政领导干部任期安全生产责任制,日常工作依责尽职、发生事故依责追究。